U0323283

国家出版基金项目
NATIONAL PUBLICATION FOUNDATION

国家"十二五"重点图书出版规划项目

城市地下空间出版工程·防灾与安全系列

城市地下空间深开挖施工风险预警

黄宏伟　顾雷雨　王怀忠　著

同济大学出版社
TONGJI UNIVERSITY PRESS

上海市高校服务国家重大战略出版工程入选项目

图书在版编目(CIP)数据

城市地下空间深开挖施工风险预警/黄宏伟,顾雷雨,王怀忠著.—上海:同济大学出版社,2014.12
(城市地下空间出版工程·防灾与安全系列)
ISBN 978 - 7 - 5608 - 5648 - 3

Ⅰ.①城… Ⅱ.①黄…②顾…③王… Ⅲ.①城市空间-地下工程-深基坑-工程施工-风险管理-研究 Ⅳ.①TU473.2

中国版本图书馆 CIP 数据核字(2014)第 226167 号

城市地下空间出版工程·防灾与安全系列

城市地下空间深开挖施工风险预警

黄宏伟 顾雷雨 王怀忠 著

策 划: 杨宁霞 季 慧
责任编辑: 胡 毅
责任校对: 徐春莲
装帧设计: 陈益平

出版发行 同济大学出版社 www.tongjipress.com.cn
        (上海市四平路 1239 号 邮编:200092 电话:021 - 65985622)
经 销 全国各地新华书店、建筑书店、网络书店
制 作 南京前锦排版服务有限公司
印 刷 上海中华商务联合印刷有限公司
开 本 787mm×1092mm 1/16
印 张 13
字 数 324000
版 次 2014 年 12 月第 1 版 2015 年 9 月第 2 次印刷
书 号 ISBN 978 - 7 - 5608 - 5648 - 3
定 价 88.00 元

内容提要

本书为国家"十二五"重点图书出版规划项目、国家出版基金资助项目、上海市高校服务国家重大战略出版工程入选项目。

全书对城市地下空间深基坑开挖工程的安全风险预警进行研究,定量化考虑工程经济与安全的博弈,系统地阐述了城市地下深开挖工程施工安全风险预警体系,提出没有邻近环境安全要求下深开挖工程风险预警标准,以及邻近地下管线及建筑物等有安全要求的深开挖工程风险预警标准。全书系统性强,较全面地考虑了实际工程情况,首次基于风险分析的理论,对城市中深开挖工程的安全预警问题进行研究,有助于对传统的确定性安全预警方法进行改进,并提出了保障工程施工安全的新思路,有利于推动地下深开挖工程的管理和施工技术的发展。

本书可供从事岩土与地下空间工程相关研究、设计、施工、监测和管理等人员,以及高等学校土木工程专业师生学习与参考。

《城市地下空间出版工程·防灾与安全系列》编委会

作者简介

黄宏伟 工学博士,同济大学土木工程学院副院长、教授、博士生导师,教育部长江学者特聘教授,"新世纪百千万人才工程"国家级人选,首批教育部新世纪优秀人才支持计划入选者,上海市优秀学科带头人,首批上海曙光学者,法国南特中央理工大学访问教授,国际土力学与岩土工程学会会员,美国 ASCE 岩土风险管理委员会委员,国际隧道协会委员,国际岩土安全网络组织核心成员,中国土木工程学会工程风险与保险研究分会理事长,中国岩石力学与工程学会常务理事,中国土木工程学会理事,中国土木工程学会隧道及地下工程分会常务理事,上海防灾救灾研究所风险评估研究室主任,国际期刊及国内多家期刊编委。长期从事隧道及地下工程专业的教学和科研工作,研究方向为隧道及地下工程风险与灾害分析、动态反馈分析、隧道长期性态与养护技术等,围绕岩土及地下工程,在国内率先开展了工程风险分析理论与方法的研究,开辟了土木工程领域内的工程风险学科新方向,为国家重大工程开展风险评估起到了促进作用。主要学术成绩:较早建立了岩土及地下工程的全寿命风险管理理论;最早提出了动态风险评估的定量方法和技术;创新性地建立了盾构隧道纵向沉降风险控制方法。近五年来,撰写专著 3 部,主编部级指南和国家规范各 1 部,发表学术论文 120 篇,被 SCI 检索 15 篇、EI 检索 68 篇,国际主旨和特邀报告 5 次。获国家科技进步二等奖 1 项,省部级科技进步一等奖 4 项、二等奖 2 项、三等奖 3 项,国际杰出服务奖 1 项,获得国家发明专利 7 项,开发具有自主知识产权软件 7 项。创建工程风险领域的国家二级学术分会和三级学术专业委员会各 1 个。

顾雷雨 工学博士,总参工程兵第四设计研究院工程师,中国土木工程学会工程风险与保险研究分会理事。从事岩土工程、工程勘察科学研究工作,参与的科研项目获军队科技进步一等奖 1 次、二等奖 1 次、三等奖 2 次,军队优秀勘察设计一等奖 1 次,获发明和实用新型专利 2 项,参与编著军队标准 1 项。

王怀忠 工学博士,宝山钢铁股份有限公司工程技术首席工程师,宝钢集团公司技术业务专家,教授级高级工程师,中国力学学会理事,上海市力学学会常务理事,中国力学学会结构工程专业委员会委员。长期从事宝钢工程建设项目技术管理、岩土工程和工程力学研究以及高强度钢管混凝土结构构件的研发应用工作,获省部级科技进步一等奖和三等奖各 1 次,出版专著《宝钢工程长桩理论与实践》,获发明和实用新型专利 15 项,参与编审国家标准 2 项和行业标准 3 项。

总　序

　　国际隧道与地下空间协会指出,21世纪是人类走向地下空间的世纪。科学技术的飞速发展,城市居住人口迅猛增长,随之而来的城市中心可利用土地资源有限、能源紧缺、环境污染、交通拥堵等诸多影响城市可持续发展的问题,都使我国城市未来的发展趋向于对城市地下空间的开发利用。地下空间的开发利用是城市发展到一定阶段的产物,国外开发地下空间起步较早,自1863年伦敦地铁开通到现在已有150年。中国的城市地下空间开发利用源于20世纪50年代的人防工程,目前已步入快速发展阶段。当前,我国正处在城市化发展时期,城市的加速发展迫使人们对城市地下空间的开发利用步伐加快。无疑21世纪将是我国城市向纵深方向发展的时代,今后20年乃至更长的时间,将是中国城市地下空间开发建设和利用的高峰期。

　　地下空间是城市十分巨大而丰富的空间资源。它包含土地多重化利用的城市各种地下商业、停车库、地下仓储物流及人防工程,包含能大力缓解城市交通拥挤和减少环境污染的城市地下轨道交通和城市地下快速路隧道,包含作为城市生命线的各类管线和市政隧道,如城市防洪的地下水道、供水及电缆隧道等地下建筑空间。可以看到,城市地下空间的开发利用对城市紧缺土地的多重利用、有效改善地面交通、节约能源及改善环境污染起着重要作用。通过对地下空间的开发利用,人类能够享受到更多的蓝天白云、清新的空气和明媚的阳光,逐渐达到人与自然的和谐。

　　尽管地下空间具有恒温性、恒湿性、隐蔽性、隔热性等特点,但相对于地上空间,地下空间的开发和利用一般周期比较长、建设成本比较高、建成后其改造或改建的可能性比较小,因此对地下空间的开发利用在多方论证、谨慎决策的同时,必须要有完整的技术理论体系给予支持。同时,由于地下空间是修建在土体或岩石中的地下构筑物,具有隐蔽性特点,与地面联络通道有限,且其周围临近很多具有敏感性的各类建(构)筑物(如地铁、房屋、道路、管线等)。这些特点使得地下空间在开发和利用中,在缺乏充分的地质勘察、不当的设计和施工条件下,所引起的重大灾害事故时有发生。近年来,国内外在地下空间建设中的灾害事故(2004年新加坡地铁施工事故、2009年德国科隆地铁塌方、2003年上海地铁4号线事故、2008年杭州地铁建设事故等),以及运营中的火灾(2003年韩国大邱地铁火灾、2006年美国芝加哥地铁事故等)、断电(2011年上海地铁10号线追尾事故等)等造成的影响至今仍给社会带来极大的负面效应。因此,在开发利用地下空间的过程中需要有深入的专业理论和技术方法来指导。在我国城市地下空间开发建设步入"快车道"的背景下,目前市场上的书籍还远远不能满足现阶段这方面的迫切需要,系统的、具有引领性的技术类丛书更感匮乏。

目前,城市地下空间开发亟待建立科学的风险控制体系和有针对性的监管办法,《城市地下空间出版工程》这套丛书着眼于国家未来的发展方向,按照城市地下空间资源安全开发利用与维护管理的全过程进行规划,借鉴国际、国内城市地下空间开发的研究成果并结合实际案例,以城市地下交通、地下市政公用、地下公共服务、地下防空防灾、地下仓储物流、地下工业生产、地下能源环保、地下文物保护等设施为对象,分别从地下空间开发利用的管理法规与投融资、资源评估与开发利用规划、城市地下空间设计、城市地下空间施工和城市地下空间的安全防灾与运营管理等多个方面进行组织策划,这些内容分而有深度、合而成系统,涵盖了目前地下空间开发利用的全套知识体系,其中不乏反映发达国家在这一领域的科研及工程应用成果,涉及国家相关法律法规的解读,设计施工理论和方法,灾害风险评估与预警以及智能化、综合信息等,以期成为对我国未来开发利用地下空间较为完整的理论指导体系。综上所述,丛书具有学术上、技术上的前瞻性和重大的工程实践意义。

本套丛书被列为"十二五"时期国家重点图书出版规划项目。丛书的理论研究成果来自国家重点基础研究发展计划(973计划)、国家高技术研究发展计划(863计划)、"十一五"国家科技支撑计划、"十二五"国家科技支撑计划、国家自然科学基金项目、上海市科委科技攻关项目、上海市科委科技创新行动计划等科研项目。同时,丛书的出版得到了国家出版基金的支持。

由于地下空间开发利用在我国的许多城市已经开始,而开发建设中的新情况、新问题也在不断出现,本丛书难以在有限时间内涵盖所有新情况与新问题,书中疏漏、不当之处难免,恳请广大读者不吝指正。

钱七虎

2014 年 6 月

前　言

　　城市地下空间是在不确定性的岩土介质中开挖形成的,其开挖施工过程具有一定的风险性。随着城市地下空间功能及规划要求的提高,其埋置深度愈来愈深。以上海为例,地铁开挖的最大深度已达地表下40 m,日后可能还会更深。另外,城市地下空间建设前,邻近地面和地下已有建筑物、道路、地下管线、已有地下空间等各类建(构)筑物,使得在深开挖时除了须关注本体地下空间基坑的安全外,还必须要对先期修建的建(构)筑物予以有效保护。新加坡2004年4月地铁工作井施工中的塌方事故、2007年的巴西地铁事故、2008年11月发生在杭州地铁建设中的地铁车站开挖导致周边塌方事故等,无不触目惊心,每次事故造成的经济损失和社会负面影响,已经成为政府关注和亟待解决的极大难题,这使我们深刻认识到在地下工程建设中面临的巨大挑战,使得在城市修建地下空间期间,其安全风险控制显得尤为重要。为此,如何在地下空间深基坑开挖前和开挖中,对其安全风险进行预警设计,进而对开挖期间的安全风险控制进行研究,则具有重要的理论意义和工程实用价值。

　　本书采用风险理论对城市地下空间深基坑开挖工程的安全风险预警进行研究,以不确定性概率分析方法建立预警体系,将深基坑工程安全预警从传统的单级控制,变为分级控制;从传统的固定预警标准,变为随开挖施工的动态预警标准,这使工程安全措施更能够有的放矢,更加符合工程实际。书中详细论述城市地下空间深基坑开挖工程的安全风险预警体系和预警标准的设计方法。全书包括7章内容,第1章介绍深基坑开挖安全预警的重要性以及目前研究现状及存在问题;第2章通过实际案例介绍深基坑工程施工风险事故模型及预警指标;第3章介绍城市地下深开挖工程施工安全风险预警体系,包括监测技术的主要发展及预警体系构建;第4章论述没有邻近环境严格要求,即"绿场"下深开挖工程风险预警标准;第5章论述深开挖工程邻近有地下管线或建筑物时工程开挖安全风险与风险预警指标的相关性;第6章给出考虑环境条件下的深开挖工程施工安全风险预警标准设计;第7章介绍深基坑开挖工程安全风险预警方法及2个典型的工程案例。后记中则指出了深开挖安全风险预警的未来发展方向。

　　本书是在国家973、国家自然科学基金以及上海市科委科技攻关等多项项目资助下研究成果的总结,所取得的成果获2011年上海市科技进步一等奖,是一本较为系统地总结城市地下空间深开挖基坑工程安全风险预警领域科研成果的专著。本书主要读者对象是岩土及地下工程的设计、施工、监测等单位的管理与工程技术人员,以及高等学校土木工程专业的师生,也可供相关专业的科研和技术人员参考使用。

本书在编撰过程中还得到了总参工程兵第四设计研究院的支持,以及胡群芳、张冬梅、薛亚东、尹振宇等的帮助,在此一并对他们表示衷心感谢。由于作者水平有限,不足之处在所难免,尚祈各界读者朋友不吝批评指正。

著　者

目 录

1

1 绪 论

1.1 概述

随着我国经济的发展,社会的进步,大城市的高层建筑越来越多,为了节省土地,充分利用地下空间,地铁、地下建筑、隧道等地下工程大幅度增加,要求越来越高,由此造成的后果是地下工程开挖深度越来越深。而城市地下岩土工程却具有与一般岩土工程不同的特点,如施工环境复杂,地面建筑、交通设施密集,地下管线多,开挖造成的影响大;地质条件复杂,多以土体为主,常有膨胀土、沙层、地下水,尤其是沿海沿江城市,淤泥质黏土、黏土的开挖难度更大等。因此,城市地下深开挖工程存在许多需要解决的特殊问题。

1.2 城市各类地下空间的深基坑开挖工程

1.2.1 城市大型建筑中地下空间深开挖工程

城市中的大型建筑如购物中心、商贸中心等,作为一个城市的地标性建筑,往往位于黄金地段,为了更好地利用空间,常设有多层地下室。近些年,国内在各地区开挖深度较大的典型工程列举如下:

(1) 武汉绿地中心地下室基坑:号称亚洲最大、最深基坑,土方开挖总量约 100 万 m^3,开挖最深为 35 m,混凝土支撑约 2 万 m^3,共有 5 道内支撑及超大直径环形支撑,环形支撑最大截面为 2.8 m×1.5 m,于 2013 年 6 月底完成土方及支撑工程,2014 年 1 月完成地下室结构工程,2016 年将完成工程整体施工备案。

(2) 国家大剧院基坑工程:主体区基坑平均深度达 27.25 m,主楼处最大深度为 33.75 m。基坑的平面面积约 25 500 m^2,采用多种基坑支护方式,包括锚拉桩、地下连续墙等。工程位于北京市中心城区,基坑周围环境复杂,存在多条市政管线、多处老旧民宅等。

(3) 长沙国际金融中心:基坑平均深度达 34.25 m,主楼处最大深度为 42.25 m,基坑的平面面积约 75 000 m^2,整个基坑的土方开挖量约 268 万 m^3。工程地处最繁华的地段,基坑坑顶有 3 栋既有高层建筑嵌入基坑边缘,同时基坑西侧临近地铁 1 号线施工区域。

(4) 上海世博园区 500 kV 地下变电站工程:位于上海市静安区,工程为全地下筒型结构,地下结构外墙外壁直径达 130 m,地下 4 层,采用桩筏基础,基坑开挖深度为 34 m。

(5) 深圳平安金融中心:该基坑开挖的最深处是主楼部分,达到了 33 m,裙楼部分也到了 30 m,这在深圳地区属于超深基坑。地质条件复杂,地下水丰富,地下水位高,挖到 2 m 已经可以见到地下水。项目不仅位于繁华的商业中心,而且一侧是深圳地铁的大动脉——地铁 1 号线,基坑护坡桩与地铁 1 号线之间的距离只有 60 cm。

(6) 上海嘉里中心南塔楼:工程位于上海市静安区安义路,南靠延安西路、西依常德路、北临南京西路,总占地面积 4.1 万 m^2,总建筑面积约 41 万 m^2,地下室共为 4 层结构,开挖深度达 31.5 m。

（7）武汉中心：总建筑面积 35 万 m^2，由 4 层裙楼与 88 层塔楼组成，塔楼高 438 m，2014 年 12 月竣工。其地下室设计为 4 层，基坑开挖面积约 3 万 m^2，地下开挖深度近 30 m。

（8）丽阳盛京广场：位于沈阳市和平区三好街，基坑深 30 m，支护桩采用旋挖桩，桩长 40 m，是迄今为止东北第一深的基坑工程。工程位于沈阳繁华地段，周围分布有较高建筑物，施工环境较复杂，同时基坑工程工期紧，天气寒冷，降水导致基坑周围水位降深较大，施工作业操作难度大。

（9）北京财源国际中心：该建筑地上 19 层，高 83 m；地下 7 层，地下开挖深度达到了 29.06 m；东塔建筑面积为 9.444 8 万 m^2。

（10）南京紫峰大厦：位于南京鼓楼区鼓楼广场，主楼地上 89 层，总高度 450 m，屋顶高度 389 m，为中国大陆第二高楼（仅次于上海环球金融中心）、世界第七高楼（包括在建的）。基坑面积达到 13 500 m^2，开挖深度为 24 m，最深达到 30 m（电梯井部位），土方量为 35 万 m^3，地下室建筑面积为 65 000 m^2。

（11）兰州"鸿运·金茂"项目：位于兰州市政治、经济、文化、科技交流的核心区域——兰州东方红广场东北角。项目占地 1.61 万 m^2，地上 53 层、19 万 m^2，地下 4 层，建筑面积为 7.7 万 m^2，总建筑面积约 26.7 万 m^2。该城市综合体总高 278 m，基坑开挖深度为 23.6 m，是 2012 年前兰州开挖最深的基坑。

（12）中冶武勘金牛大厦：项目地处武汉市城区繁华的闹市中心——江岸区黄浦大街与建设大道交汇处，场地内拟建一栋 49 层超高层写字楼，开挖面积约 3 342 m^2，地下室为 4 层，基坑深度达 22.50 m。

（13）阳光 100 米娅中心：位于成都东郊膨胀土地区，拟建 4 层地下室，基坑深度达地下 20 m，是 2011 年前膨胀土地区最深的基坑。

（14）成都国际金融中心：其深基坑工程占地 10.5 万 m^2，最大开挖深度达 35 m，是 2010 年前该市面积最大、深度最深的基坑工程。

这些深开挖工程主要是作为超高层建筑物下部结构，一般位于城市中心区，周围建筑物、城市设施较多，可能形成基坑群，对于工程的变形控制要求一般非常严格，又由于这些工程具有平面较大、周围环境复杂、开挖规模大、形状不规整等特点，其监测预警值的设计十分困难却尤为重要。

1.2.2　城市轨道交通工程中深开挖工程

1969 年 10 月，北京地铁第一期工程投入试运营，这是北京，也是中国第一条地铁。此后 30 年间，地铁在中国的发展缓慢，只有天津、上海和广州相继开通了地铁。

不过，进入 21 世纪后，地铁建设开始明显升温，除北京、天津、上海、广州等外，南京、沈阳、成都、武汉、西安、重庆、深圳、苏州等 8 个城市均已开通地铁。

而如果算上正在建设地铁的城市，这将是一个更为庞大的数字。长春、杭州、哈尔滨、长沙、郑州、福州、昆明、南昌、合肥、南宁、贵阳 11 个省会（首府）城市，以及东莞、宁波、无锡、青岛、大连等 5 个二三线城市,地铁都正在紧张地施工中,其中有部分城市的地铁将在近一两年开通。已有地铁的城市中,北京、沈阳等 10 个城市均已提出了扩建计划。

从北京、上海、广州等一线大城市,到南京、沈阳、成都等省会城市,再到苏州、佛山等二三线城市,地铁建设正在成为中国城市发展中的一个鲜明特点。据国家发改委统计,目前中国获批轨道交通建设规划的城市已达 36 个,2013 年我国城市轨道交通投资将达到 2 200 亿元,比上一年增加 400 亿元,主要分布在 4 个直辖市及 20 个省会城市和沿海经济发达地区。到 2013 年年底,我国有 19 个城市拥有地铁,总里程达到 2 366 km,预计到 2020 年全国拥有轨道交通的城市将达到 50 个,轨道交通里程达到近 6 000 km 的规模。如此巨大的工程量中,地铁施工中的端头井、通风井、多线换乘站等都是地下深开挖工程,而地铁工程往往穿越繁华城区,为使用方便,地铁车站极易设在多个高层建筑的中间,导致其开挖将面临周围建筑物、管线、高架线等复杂环境的限制,对其施工风险的预警和控制提出了更高的要求。表 1-1 总结了我国主要拥有地铁的城市中,开挖深度较大的车站或风井。

表 1-1　　　　　　　　　城市轨道交通工程中的深开挖工程

序号	站名	开挖深度	序号	站名	开挖深度
1	武汉地铁 4 号线武昌风井	约 46 m	7	南京地铁 3 号线南京站站	30 m
2	北京地铁 7 号线九龙山站	35 m	8	重庆地铁 6 号线五里店站	29.4 m
3	北京地铁 6 号线东四站	34 m	9	成都地铁 2 号线天府广场站	28.5 m
4	杭州地铁 4 号线一期官河站	34 m	10	沈阳地铁工业展览馆站	28.3 m
5	上海汉中路枢纽 13 号线车站	33.1 m	11	西安地铁 1 号线万寿路站	28 m
6	广州地铁 3 号线燕塘站	32 m	12	天津地铁 6 号线红旗路站	27 m

1.2.3　城市特殊建筑中深开挖工程

还有许多深开挖工程是作为一些特殊工程需要而建设的,如宝钢等企业建设的熔渣池、大桥的桥墩基坑、火车站的交通枢纽等。如:

(1) 中国第二重型机械集团公司新增设备基础工程:工程基坑开挖深度达 37.4 m,为深度达 35 m 的淬火装置和 15 m 井式炉设备提供“容身之地”。该工程位于二重厂区南端,部分为耕地、厂区铁路道路等,地形起伏复杂。由于是在已建成的厂房内施工,其特殊性决定了工程基坑支护的难度大大超过日常的建筑工程。

(2) 天津站交通枢纽工程:位于天津市市中心,临近海河,是由城际铁路、普速铁路、轨道交通、公交车、出租车等多种交通方式组成的大型综合枢纽。该工程共分为前广场、后广场及市政交通工程三部分,建设规模达 456 200 m²,基坑开挖深度最深达 31 m,采用明挖和盖挖法。

(3) 南(宁)广(州)铁路肇庆西江特大桥拱座深基坑:南广铁路西江大桥位于广东省肇庆市西北约 6 km 处的小湘镇,西江特大桥为跨度 450 m 的中承式钢箱提篮拱桥,是我国目前单孔跨度最大的铁路桥梁。大桥在河两岸共有 4 个拱座基坑需采取爆破方式开挖,基坑深达 50.30 m,为目前采取爆破开挖的最深的基坑。

这类工程大多有特殊的使用目的,一般对施工质量要求较高,且结构复杂,施工难度较大,容易发生风险事故。

1.3 城市地下深开挖工程中的风险事故案例

我国的深基坑工程等城市深地下开挖工程中,由于各种原因发生了大量的事故,如:

2005 年 7 月 21 日中午 12:20 左右,广州海珠城广场基坑倒塌,导致周围地铁停运,海洋宾馆部分倒塌,邻近隔山 1、2、3 号宿舍楼 590 名居民紧急搬迁。

2007 年 2 月 5 日,南京汉中路牌楼巷路口,正在施工的地铁 2 号线出现渗水塌陷,造成天然气管道断裂爆炸,事故致附近 5 000 多户居民停水、停电、停气。

2007 年 3 月 28 日 9 时 20 分,位于北京市海淀南路的地铁 10 号线工程苏州街车站东南出入口发生一起塌方事故,6 名施工者被埋。

2007 年 5 月 28 日 8 时左右,南京市地铁 2 号线茶亭站西基坑东端约 500 m³ 土体发生滑坡,造成 2 名工人死亡。

2007 年 12 月 17 日,南京地铁 2 号线在汉中门站至上海路站区间隧道施工时,发生路面塌陷,形成一个深约 10 m、面积约 50 m² 的大坑。

2008 年 11 月 15 日下午 3 时 20 分左右,由中国中铁股份有限公司负责施工的杭州地铁 1 号线萧山湘湖站发生地铁施工塌方事故,导致萧山湘湖风情大道 75 m 路面坍塌,并下陷 15 m,正在路面行驶的约 11 辆车陷入深坑,死亡 17 人。事故发生前几周在相邻的风情大道东湘村红绿灯北边路面上出现裂痕,但没有引起人们的足够重视。

2009 年 3 月 19 日 13 时 35 分,位于青海省西宁市商业巷南市场的佳豪广场 4 号楼深基坑施工现场发生坍塌事故,造成 8 人死亡。

2009 年 6 月 27 日,上海市闵行区"莲花河畔景苑"在建楼房倒覆,部分原因是紧邻大楼南侧的地下车库基坑正在开挖,开挖深度 4.6 m,大楼两侧的压力差使土体产生水平位移,过大的水平力超过了桩基的抗侧能力,导致房屋倾倒。

2009 年 8 月 2 日上午 9 时 20 分,西安地铁 1 号线洒金桥站施工现场,在冠梁沟槽开挖支护过程中出现约 10 m³ 泥土塌方,2 名正在作业的工人不幸被埋。

2012 年 2 月 28 日下午 4 时 30 分许,上海市松江区九亭镇涞寅路近九泾公路,一工业园区内发生大面积坍塌,连带工业园区附近的公路也受到影响,事故还造成地下一条备用天然气管道发生破裂,同时附近厂房发生大面积停电。所幸疏散工作及时,并未造成人员伤亡。

2012 年 7 月 12 日凌晨 2 点,湖南省长沙市宁乡县人民路与锦江路交汇处人行道发生垮塌。垮塌的人行道长约 60 m,旁边是一个工地。有市民说这里正在修建商业广场,"工地旁的支护垮塌,连带着人行道一起垮了"。地下埋藏着电缆、网线、水管等,道路垮塌导致水管爆裂,沿线居民用水受到影响。垮塌后宁乡县自来水公司、广播电视局等单位派出工作人员紧急赶赴现场抢修。

2012年11月29日,南京市一辆公交车由南向北行至闹市区太平南路与中山东路路口时,路面发生缓慢塌陷;至中午12点左右,公交车前车头几乎全部陷入地面以下,地坑旁围挡内便是正在施工的地铁3号线基坑。由于驾驶员及时疏散乘客,事故中无人员受伤。此前,该市地铁在建过程中也曾发生多起路面塌陷事故。初步判定系因地铁基坑开挖导致周边水土平衡被打破,流沙地质区出现空洞所致。

2012年10月24日7时30分左右,安庆市体育中心下穿柏山路地下通道及综合管涵工程施工现场发生基坑底板上层钢筋网片倒塌事故,造成3人死亡。

这些深开挖工程中的风险事故为人们敲响了警钟,其代价是巨大的。如何尽可能地减小城市在地下深开挖工程施工中的事故发生率以及灾害损失,显然是一个迫切需要坚决且有效解决的课题。

导致这些问题发生的技术原因众多,但也可用"经济"与"安全"之间或再加上"工期"与"安全"之间的失衡来解释。很多灾难性事故的发生是由于施工单位为赶工期或为节约成本忽视了安全,同时也反映出目前施工中监测预警机制不完善,特别是预警方法和预警标准设计可能不合理,使施工单位对警情存有麻痹思想和侥幸心理。

1.4 深基坑施工安全预警研究现状及存在问题

1.4.1 概述

预警系统(Early-warning System)一词最早出现于军事领域,其后,预警系统的思想被逐渐应用于地震警报、环境监控、社会防范和国民经济预报预警(熊孝波,2003)。美国联邦紧急事务管理署(Federal Emergency Management Agency,FEMA)(1981)提出的预警系统中的预警指标普遍认为包括静态预警指标和动态预警指标。静态预警指标一般表示进入危险状态的限值。动态预警指标一般表示进入危险状态之前的发展趋势和速率。

一般工程结构在正常使用期间,通常不存在预警问题。但深基坑系统具有临时性、复杂性和动态性的特点,造成了深基坑工程系统在施工期内经济和安全方面的许多不确定性。深基坑工程具有临时性,使投资者与设计者在权衡经济与安全两者之间的关系时,往往比一般工程更加踌躇。深基坑工程系统的复杂性主要表现在工程赋存环境的复杂性,不仅须考虑基坑自身的以及支护结构与支护土体相互作用的复杂性,更表现在被影响的周围环境的复杂性。深基坑工程系统的动态性则意味着在施工期内,其性状是不断变化的,比如由于开挖引起支护结构位移导致周围土、水压力也是变化的等。此外,施工队伍的技术水平与管理水平,对深基坑工程也往往具有很大的影响。因此,必须根据深基坑工程系统的这些特点,来考虑深基坑安全预警的问题。

预警的目标对象有两种:一是将较传统的围护结构变形、内力,或周围环境变形等作为预警对象;二是从深基坑整体安全上考虑,如通过建立安全系数空间分布概念等方法进行预警。

一般来说,深基坑工程监测预警系统大体包括三个部分:深基坑设计阶段的监测预警值设计;施工阶段的现场监测和监测数据分析、报警;通过施工阶段的监测数据分析,对现在深基坑安全状态进行分析和对未来深基坑安全状态发展进行预测。

1.4.2 研究现状

目前深基坑施工安全预警常用的方法主要有两种,围绕这两种方法分别有多种研究路径。

1. 对于地域范围内的基坑开挖变形实测数据的分析及监测预警标准的研究

这种方法是给出经验性、区域性的预警标准参考值,或对于特殊工程结合基坑稳定性验算等理论分析、数值分析手段,确定监测预警值,以此作为标准判断基坑施工安全,对超出预警值的情况进行预警。

这方面的研究较多,房营光等(2001)、边占利等(2001)提出了根据不同的安全等级设置相应的安全性判别准则,可判断深基坑的安全情况。李玉峰(2004)对基坑等地下工程灾害的监测方法进行了研究。刘杰(2008)对黄土地区地铁车站基坑围护结构变形规律进行了研究,袁登科(2009)提出了南京地区基坑测斜警戒值建议。徐中华(2011)根据上海地区大量基坑工程的统计资料,确定了各环境保护等级基坑的变形设计控制指标。叶俊能(2012)给出了宁波地区深基坑工程施工预警标准。此外,陈潇(2011)采用主成分分析方法,根据相关系数矩阵,以综合因子的贡献率确定主成分和权重,将监测系统中的众多指标转化为较少的几个综合指标,为深基坑施工监测以及预警指标的建立提供了一条新途径。

2. 关于灰色系统理论、人工神经网络或位移反分析等预测方法的研究

这种方法是根据监测的数据信息,反算岩土介质的各种参数或作用于支护结构上的荷载,而后与围护结构的极限承载力或使用极限承载力相比较,对深基坑变形预测,判断深基坑支护体系的工作状态,从而进行预警。常用的算法有灰色系统理论预测模型、人工神经网络预测模型以及反分析预测模型等。

相应的研究有:

1) 灰色系统理论预测模型

主要思路是将基坑变形系统看作灰色系统,根据现场位移观测值建立灰色预测预警模型。研究主要着重于各种预测模型的适用性和模型预测的时间长度的研究,如胡友建等(2001)采用灰色系统理论建立了变形预测模型,采用若干定性和定量指标进行了深基坑工程极限状态的分析判别。邓修甫(2004)对基坑围护结构及周围环境的变形作了灰色预测,并且讨论了模型的适用范围。袁金荣等(2001)提出了灰色系统用于基坑变形预测中存在的一些问题,认为灰色系统不适宜用于地下连续墙水平位移的预测。灰色系统在岩土工程变形预测中已有不少成功应用的例子,但也遇到了一些问题,其原因是灰色建模要求非负时间序列的累加生成具有灰指数规律,然而,事实上岩土工程中许多观测值的累加生成常常不具有指数规律,因而造成预测误差很大,使得预测结果不可靠。

2) 人工神经网络预测模型

国际上 Yi-Cherng Yeh 等(1990)发表了《基于神经网络进行桩身质量诊断的专家系统》一文,从而将神经网络逐步引入到岩土工程实践中来。1995 年 Goh 等用 BP 网络成功地预测了软土深基坑开挖中挡墙的最大位移,从而将人工神经网络应用到深基坑工程领域中来。

在国内,张清教授可以说是较早将神经网络引入到地下工程领域的先行者。而后 BP 网络开始应用在国内深基坑工程变形预测中,如孙海涛等(1998)率先将 BP 网络应用于深基坑工程的变形预报研究,取得了初步的成功。随后众多学者将神经网络应用于不同支护形式的基坑中,主要是对围护结构的变形进行预测。如高沛峻等(2000)应用神经网络对内撑式人工挖孔桩支护结构的水平位移进行了预测,袁金荣等(2000)将神经网络技术应用于深基坑工程的变形预测,并用 VC++ 语言加以实现。还有对基坑周围环境变形进行预测,张树光等(2001)分析了深基坑周围地表沉降的影响因素,结合人工神经网络原理,建立了深基坑周围地表沉降的人工神经网络预测模型。

而后,研究者们又尝试将神经网络方法及其模型进行优化,尝试采用更高级的数据处理软件来提高神经网络计算水平,将一些误差分析、数据处理方法应用于神经网络中,以期得到更准确的预测结果。如高广运等(2002)提出了神经网络的处理模型,用将遗传算法和 BP 最优化方法相结合所产生的一种高效率、高精度的算法来训练网络,并应用于深基坑监测数据的处理。韦立德等(2003)采用遗传算法和误差反向传播算法相结合的混合算法来训练前馈人工神经网络,并将该方法应用于预测深基坑支护结构水平变形中。熊孝波等(2003)在对深基坑墙体位移时序规律分析的基础上,提出了基于 MATLAB 5.3 平台的神经网络多步预测模型。倪立峰等(2002)根据深基坑变形的特点,建立了动态递归神经网络进行实时建模预报,并采用一种改进的在线学习算法,较好地描述了深基坑变形的动态特性。曹红林等(2003)将小波神经网络应用于深基坑周围地表沉降的预测,提出了一种有效的预测方法,并构造了预测沉降的小波神经网络模型。曾洪飞等(2004)构造了预测深基坑的墙体位移的 RBP 神经网络,比 BP 神经网络更具有优越性。缑娜(2006)针对传统神经网络算法速度慢,容易陷入局部极值的缺点,提出将自适应卡尔曼滤波应用于人工神经网络的训练算法中。

人工神经网络最大的优点是它不需要知道变形与所求力学参数之间的关系,对信息进行分布式存储和并行协同处理,具有高度的非线形映射能力,并有良好的自适应容错性等特点。而这种方法的缺点在于:一方面,在利用神经网络进行变形预报时,网络的学习训练对预报效果起关键作用,训练次数的多少,直接影响到工作的效率,且由于网络需要大量的学习样本,在深基坑施工的前段时间样本少,网络预测的精度较低;另一方面,神经网络的方法具有"黑箱"性,人们难以信任网络的学习和决策过程(廖少明,2006)。

3) 反分析预测模型

岩土工程中的反分析法,即是以现场量测到的、反映系统力学行为的某些物理信息量(如位移、应变、应力或荷载等)为基础,通过反演模型(系统的物理性质模型及其数学描述,如应力与应变关系式等)推算得到该系统的各项或某些初始参数(如初始地应力、本构模型参数和几何参数等)的方法。其目的是得到更加符合工程实际的参数,通过数值分析方法,建立接近现场实测结果的理论模型,能较正确地反映或预测岩土结构的某些力学行为。

1915 年哈斯特最早开始测定初始地应力,开创了通过量测信息反演确定初始地应力的历史。反分析方法发展到现在经历了三个阶段。

20 世纪 70 年代初至 80 年代初期,为反分析发展的初期阶段,此阶段研究者们主要进行了反分析理论的研究以及计算方法的建立,研究较多的是线性问题的逆反分析法,并开始在水电工程中应用。如 1972 年 Kavanagh 和 Clough 发表的反演弹性固体的弹性模量的有限元法就是反分析理论;1981 年 Gioda 等人利用实测位移反算了作用在柔性挡土结构上的土压力;1981 年中国科学院地质研究所杨志法等提出了另一种位移反分析方法——图谱法,利用事先建立的图谱反演围岩地应力分量及弹性模量;而 Sakurai 等(1979,1983)提出了反算隧道围岩地应力及岩体弹性模量的逆解法。

80 年代初期至 90 年代初,为反分析的发展阶段。出现了采用不同本构关系、计算方法的各种反分析法,且考虑现场实测条件、注重反分析法的实际应用成为这一阶段的重要特征,这也是我国大规模工程建设对理论技术发展的要求。

弹塑性问题的反分析研究多采用了优化技术,如黄金分割法、单纯形法、变量替换法、Powell 法和 Rosenbrok 法等。孙钧等(1992)提出了弹塑性反分析的一种全面优化方法,实践上得到了非线性逆问题的唯一解。同时,反分析方法在工程预测上的应用主要就是在这一时期开始的,S. Sakurai(1986)提出了一种现场量测辅助设计技术(即用现场量测位移反算岩体弹性模量和初始地应力,然后应用这些参数进行正分析或设计初次支护的参数)之后,国内外不少研究者即已注意到了反分析结果的应用问题。从围岩、支护的弹性、弹塑性变形预测,到利用考虑时空效应的流变反分析结果,进行黏弹性、黏弹塑性分析,预测围岩或支护后期变形及安全度,对工程给出事先的预测。刘怀恒(1988)提出了一种基于黏弹性位移反分析的监测-分析-工程预测系统。曾国熙等(1989)用单纯形作为优化搜索方法,研究了深基坑开挖中的初始切线模量的估计方法,此后,曾国熙又提出了将正交设计法用于深基坑开挖中的参数估计。

90 年代初至今,岩土体的模型识别问题、考虑岩土体本身随机性的非确定性反分析得到了迅速的发展,系统论、信息论等也被应用到位移反分析研究中,同时人们提出了考虑施工过程的仿真反分析及动态施工反分析技术。张鸿儒等(1991)在有限元分析的基础上,提出了深基坑分级开挖土层参数的 Beys 估计法及参数精度的基本方法;1994 年黄宏伟将系统论引入反分析,进而基于数理统计的贝叶斯原理,提出了广义参数反分析,黄宏伟等(1995)又提出了基于随机有限元和特征函数法分析的随机逆反分析法;杨志法等(1995)介绍了将反演正算综合预测法用于深基坑开挖信息化施工的情况。Kobashi 等(1997)采用卡尔曼滤波器反分析不同深度土体的弹性抗力系数。杨林德等(1996)将反分析法用于深基坑工程动态施工反演分析与变形预报。

从 20 世纪 70 年代初至今,经过 40 多年的发展,反分析的计算分析模型由线性发展到非线性;目标未知数也由单纯的计算参数发展到岩土体的本构模型;材料由均质发展到非均质;

在确定性反分析的基础上发展了非确定性反分析、智能反分析等等(陈方方等,2006)。

位移反分析中的解析法由于其只适于用简单几何形状和边界条件的问题反演,难于为复杂的岩土工程所广泛采用,因而,数值方法具有普遍的适应性。但长期以来,数值试验方法在岩土力学与工程领域存在"声誉高,信誉低"的现象。其主要原因不仅是对研究对象的分析模型和计算参数缺乏分析研究,而且由于岩土工程问题本身的复杂性及不确定性,施工方法、施工措施、施工步序对工程所产生的影响常常成为最主要的因素(王泳嘉等,1996)。现阶段对于岩土工程来说,弹性、线黏弹性问题反分析法的研究理论和方法发展得较为完善,应用也较广,但实际工程中的岩土体所遇到的问题大都是属于非线性的,若用线性问题的方法来解决必然有很大的偏差,不能正确地指导工程实践问题。此外,还缺少简单易行的反分析方法。近几年有运用系统论、信息论、最优控制论、决策论以及模型识别技术研究岩土介质系统物理本构关系的反演建模、模型可信度、模型鉴别、检验理论和逆问题统一理论等。神经网络、遗传算法等现代化优化方法也在岩土工程不确定性反分析研究中开始应用。

1.4.3 存在问题

从目前基坑等深开挖工程安全预警方法和预警标准的研究情况可见以下几点值得探讨的问题:

(1)基于确定性分析方法建立的预警标准、预警体系难以较好地涵盖实际工程中的不确定性因素。采用监测手段控制基坑风险,本身就是为了解决理论计算或经验估计方法制定的预警值与实际工程出入较大的问题,以控制工程中存在的不确定性问题。但目前采用的判断基坑安全性的方法,如基坑工程围护结构稳定性验算、基坑周围地表沉降计算等,均是采用确定性方法,这就使得无论是通过理论计算或工程经验得到的监测预警值只能为确定值,导致现行预警方法无法真正抓住工程中的不确定性,而这些不确定性因素往往就是导致基坑事故的主要原因。因此采用确定性方法描述基坑的安全状态是有失稳妥的。诸多学者已认识到这一问题,采用了可靠度分析、反分析等方法对深开挖工程安全预警进行研究,但其未能考虑事故损失等因素,且需要针对具体工程进行计算,计算过程复杂,缺乏通用性。

(2)目前监测报(预)警标准的设计是与基坑一些条件的组合相对应的,包括基坑开挖深度、基坑与建筑物(或管线)距离等,这样的组合是确定的,无法涵盖其中交叉的情况,设计时只能选择最重要的影响因素来确定基坑预警标准,这就使得预警标准可能过于"保守"或"危险",可能带来经济损失。

(3)目前监测报(预)警标准的设计缺乏对经济因素的针对性的详细分析方法,多是从工程安全角度进行考虑。将风险分析引入基坑工程,基于判断基坑安全性的不确定方法,与工程稳定性分析相结合,将损失分析融入其中,可以综合考虑得到平衡了"经济"与"安全"的预警标准,对工程更具指导意义。

鉴于以上几个方面,本书将风险分析理论与基坑安全预警相结合,提出基坑安全风险预警方法及风险预警标准,尝试建立更加符合工程实际的,同时更具有通用性的预警方法。风险分析(Risk Analysis)理论可以综合考虑基坑施工中的不确定性带来的风险事件,连接"经济"与"安全",通过理论方法、数值分析、概率统计等方法研究风险事件发生概率,通过损失综合分析确定风险事件对应的潜在损失,根据风险评估方法,以风险指标和等级的形式体现,并能根据工程的不同施工阶段进行连续分析,实现城市深开挖工程施工安全与经济的均衡。目前,风险分析方法在国内大型隧道和基坑工程中已有应用,但几乎没有应用于预警标准的设计中。

2 深基坑工程施工风险事故模型及预警指标

2.1 概述

对风险事故进行预警,首先要了解风险事故的模式,进而得到对风险事故具有高度指向性、敏感性以及可行性的预警指标。其中,敏感性和指向性是指预警指标需要能够先于警情出现,并对警情征兆有唯一的指向性;可行性指的是预警指标要能方便地获得,可以满足实际工程要求。

深基坑工程施工中风险事故的原因不一,但是其破坏模式一定程度上是有章可循的。本章首先在前人的基础上总结了几类典型风险事故发生时,包括其围护结构在内的整个工程系统的变形模式。

考虑到对风险预警指标可行性的要求,本书选取的预警指标来自目前工程中常用的监测项目,如围护结构水平位移、支撑轴力、周围水土压力、坑底隆起等。虽然这些参数作为监测项目能够反映基坑的安全状态,但参数众多,都列入预警指标将主次不分,削弱预警效果,甚至延误预警时机,风险预警指标必须满足指向性的要求。因此根据理论分析和工程实践,对深基坑工程施工中风险事故模式进行研究,对比各监测项目,分析其中对基坑风险指向性最强、最敏感的参数,将其作为安全风险预警指标。

2.2 深基坑工程风险事故模型及其预警特征

深基坑工程施工安全风险事故将导致其自身破坏,并对周围环境产生影响。刘建航、侯学渊等对采用不同围护结构的基坑的常见破坏形式作出研究,包括放坡开挖、无支撑柔性挡土墙基坑和无支撑刚性挡土墙基坑、有支撑基坑、拉锚基坑等(刘建航,1997)。而软土地区深基坑一般采用的支护形式大多为有支撑围护结构和无支撑柔性围护结构两大类。

2.2.1 有支撑围护结构基坑常见基坑失效模式及其预警特征

有支撑围护结构基坑中较常见的基坑失效模式及其预警特征有以下几种。

1. 基坑围护结构渗漏

该类基坑事故的表现,对于基坑本体主要是墙后形成洞穴,围护结构向地面塌陷一侧翻转,墙顶部位移相对增加较大,且如图2-1所示基坑左右两侧墙体均向产生空洞一侧倾斜。对于周围环境主要是墙后土体流失,进而引发地面坍塌、楼房倾倒等事故。

2. 支护结构整体失稳

该类基坑事故的表现,对于基坑本体主要是围护结构以开挖面附近为中心,墙顶部向基坑外位移,墙底部向基坑内位移,底部位移相对较大,如图2-2所示。坑底土体由于受到围护结构挤压,可能会产生隆起。

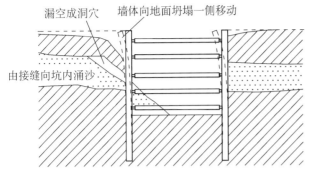

图 2-1　基坑围护结构渗漏示意图(刘建航,1997)

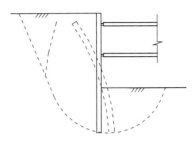

图 2-2　基坑支护结构整体失稳(刘建航,1997)

3. 坑底隆起破坏

该类基坑事故的表现,对于基坑本体主要是坑底隆起量较大,基坑底板发生裂缝或周围结构产生不均匀沉降,导致开裂。由于受到坑底土体向基坑的塑性变形的挤压,围护结构底部向基坑内位移,底部位移较大。当坑底隆起量较大时,也可能引起周围土体沉降量过大,导致周围结构物破坏,如图 2-3 所示。

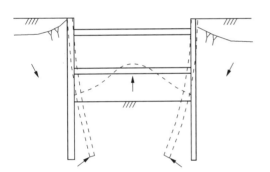

图 2-3　坑底隆起破坏示意图(刘建航,1997)

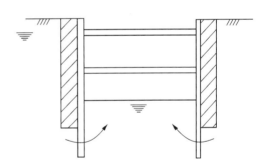

图 2-4　坑底管涌示意图(刘建航,1997)

4. 坑底管涌、流沙

在含水粉砂层中开挖基坑时,在不采取降水措施或井点降水失效时,或围护结构嵌固深度不够时,会产生管涌,严重时会导致基坑失稳,如图 2-4 所示。

该类基坑事故的表现,对于基坑本体主要是坑底隆起破坏,同时有涌水涌沙现象。体现在围护结构上,事故表现可能是围护结构底部向基坑内位移较大,伴随有墙体顶部产生朝向坑外的位移。

5. 踢脚破坏

当围护结构嵌固深度不够或坑底土质差,被动土压力小,会造成支护结构踢脚失稳破坏,如图 2-5 所示。

该类基坑事故的表现,对于基坑本体主要是坑底两侧土体隆起,当围护结构嵌固深度不够或坑底土质差、被动土压力小时,会导致基坑墙后土体推动围护结构底部向基坑内产生位移,使墙底位移偏大。

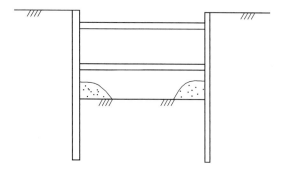

图 2-5　踢脚破坏(刘建航,1997)

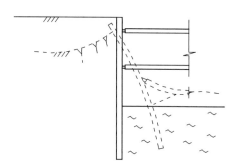

图 2-6　基坑系统失稳示意图(刘建航,1997)

6. 基坑系统失稳

由于支撑的设计强度不够或由于支撑架设偏心较大达不到设计要求而导致基坑失稳,有时也伴随着基坑的整体滑动破坏,如图 2-6 所示。

该类基坑事故比较严重,基坑本体的表现主要是围护结构底部向基坑内位移较大,也可能有围护结构折断、支撑系统破坏或支护系统整体向下滑动。而同时,坑底土体可能被围护结构挤压而产生向上的隆起破坏。

7. 坑内滑坡

坑内滑坡主要是在深基坑分层放坡开挖不符合要求时,可能由于放坡较陡、降雨或其他原因引起滑坡,冲毁基坑内先期施工的支撑及立柱,导致基坑破坏(刘建航,1997)。

该类基坑事故的表现,对于基坑本体主要是围护结构水平位移较大。

8. 围护结构折断或大变形

由于施工抢进度,超量挖土,支撑架设不及时,且支撑数量没有达到设计要求,或者由于施工单位不按图施工,抱侥幸心理,少加支撑,导致基坑破坏,如图 2-7 所示。

该类基坑事故的表现,对于基坑本体主要是围护结构体应力过大而折断或支撑轴力过大而破坏或产生危险的大变形。同时由于围护结构变形挤压墙前土体,使坑底产生隆起。

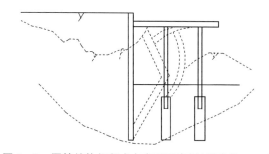

图 2-7　围护结构折断或大变形示意图(刘建航,1997)

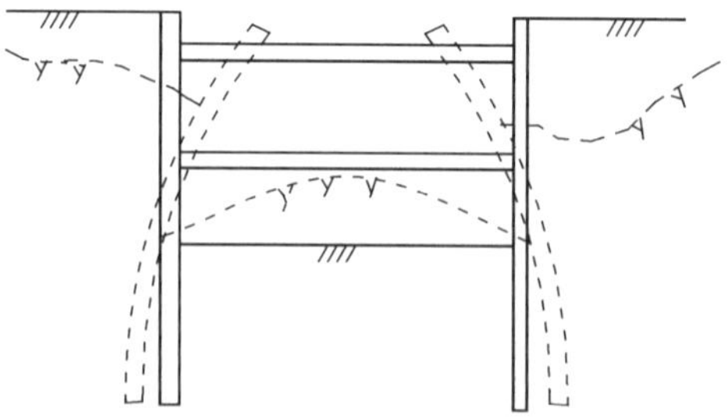

图 2-8　内倾破坏示意图(刘建航,1997)

9. 内倾破坏

主要原因有:支撑设计强度不够;支撑架设不及时;坑内滑坡;围护结构自由面过大,使已加支撑轴力过大;外力撞击;基坑外注浆、打桩、偏载造成不对称变形,等等。围护结构向坑内倾倒破坏,俗称"包饺子",如图 2-8 所示。

该类基坑事故的表现,对于基坑本体主要是围护结构顶部向基坑内位移较大。同时由于围护结构变形挤压墙前土体,使坑底产生隆起。

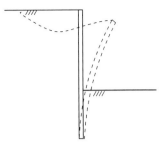

图 2-9 无支撑柔性围护结构基坑破坏示意图

2.2.2 无支撑围护结构基坑常见基坑失效模式及其预警特征

对于没有支撑的柔性围护结构,主要破坏形式为围护结构弯曲折断。破坏程度与围护结构的刚度、嵌固深度以及墙底土体的强度有关。一般会产生较大墙顶位移,进而导致墙后靠近基坑处土体变形较大,使周围管线、建筑物等产生破坏;或者围护结构在靠近基坑底部处折断。事故表现主要是围护结构顶部向基坑内位移较大,如图 2-9 所示。

2.2.3 深基坑失效模式及其预警特征总结

通过前面的分析可见,在深基坑的 10 种主要失效模式中,事故的原因多种多样,但事故的表征基本均包含围护结构变形超出允许值,坑底隆起、坑底管涌、踢脚破坏、基坑系统失稳、围护结构折断、大变形和内倾破坏等破坏类型,还有坑底隆起破坏的现象。总结前面的 10 种深基坑失效模式,其中围护结构在基坑失效时的表现可归类为 3 种,如图 2-10 所示。

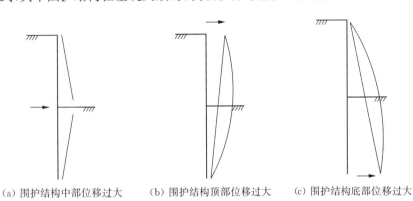

(a) 围护结构中部位移过大　　(b) 围护结构顶部位移过大　　(c) 围护结构底部位移过大

图 2-10　深基坑围护结构失效模式

由图 2-10 可见,基坑出现险情时围护结构的变形主要体现在围护结构顶部、腹部、底部三个部分的位移量增加。根据以往的很多研究资料,在基坑失效前进入可预警阶段时,围护结构的变形模式一般没有改变,主要反映在水平位移值较大,或位移速率会突然增大,或者还会伴随周边环境监测数据(地表沉降、房屋沉降、管线沉降)的突变。在基坑风险的可预警阶段,基坑的变形模式是没有改变的,与一般基坑为安全时的基本变形模式相同,为研究围护结构失效的发展规律,需要对围护结构的一般变形模式概化分析。

坑底破坏的变形一般都是隆起,坑底隆起与围护结构变形以及周围地表沉降之间有相互作用。对于坑底隆起、坑底管涌这两类事故存在坑底隆起导致围护结构变形的关系,对于其他事故大多是围护结构发生破坏从而导致坑底隆起。坑底隆起破坏并不是所有基坑失效模式中都出现,但是围护结构变形异常在每种事故中基本都出现。只是对于坑底隆起、坑底管涌这两类事故,坑底隆起量与围护结构变形相比与事故的关系比较直接。

2.3 深基坑工程围护结构水平位移模式概化分析

关于基坑安全变形模式的研究很多,一般围护结构体的水平位移可以看成是由墙体的整体位移和墙体的基本变形两部分复合而成。墙体的基本变形模式一般为正三角形、倒三角形或抛物线形,如图 2-11 所示。

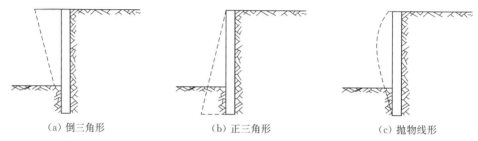

（a）倒三角形　　　　　　　（b）正三角形　　　　　　　（c）抛物线形

图 2-11 围护结构体水平位移基本变形模式示意图

实际墙体的变形模式应该是上述几种基本模式之间的组合,或基本变形模式与整体位移的组合,可以构成 3 种复合模式,见图 2-12。图中基坑的支撑系统没有表示出,是因为同样的变形模式可能出现在有支撑或无支撑的基坑中。

当非圆形的基坑未设支撑或约束,悬臂开挖时;或者部分的圆形基坑围护结构体相对刚度较大,基坑悬臂开挖时,墙体的整体位移模式有可能是墙顶有位移,墙底无位移,因而围护结构体的水平位移模式可近似表示为“倒三角形”,见图 2-12(a)。该种变形模式还可能呈现叠加墙体的整体位移的情况。

当墙顶约束或支撑设置较晚,开挖区域的土层又较软时,墙顶和墙底都可能产生位移,同时围护结构的墙体腹部向基坑内突出,因而围护结构体的水平位移模式应该有可能是“抛物线一型”和“抛物线二型”,分别见图 2-12(b)、图 2-12(c)。

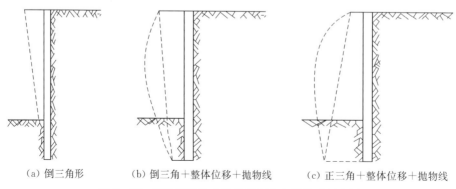

（a）倒三角形　　　（b）倒三角+整体位移+抛物线　　　（c）正三角+整体位移+抛物线

图 2-12 围护结构体水平位移复合变形模式示意图

实际工程的墙体变形是很复杂的,它受多种因素的影响,上述分析只能是一种整体上近似的描述。围护结构的变形基本上可以用围护结构的最大水平位移及其位置,以及围护结构顶和墙底的水平位移来描述。

根据对围护结构水平位移模式的研究,书中定义围护结构变形的特征参数为:围护结构最大水平位移 δ_{hm}、围护结构最大水平位移的位置 H_{hm}、墙顶位移 δ_{ht}、墙底位移 δ_{hb},如图 2-13 所示。此外,为方便说明,基坑开挖深度用 H_e 表示,围护结构深度用 H_h 表示。

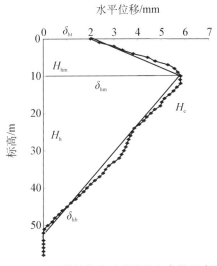

图 2-13 围护结构变形曲线特征参数示意图

2.4 工程实测数据分析

在理论分析的基础上,本节根据三个典型工程案例,分析各特征参数在深基坑工程安全和出现险情时的表现,对比其对安全风险的指向性,进一步确认围护结构特征参数作为深基坑工程安全风险预警指标的合理性。

2.4.1 工程案例一:上海市某港口客运楼基坑工程

1. 工程概况

该工程(黄宏伟,2007)开挖深度 13.1 m,属于一级基坑工程。该工程北侧有多幢建筑物,其中一幢建筑为上海市Ⅲ级保护建筑,距基坑边 10~15 m。基坑围护结构采用钻孔灌注桩+水泥土搅拌桩+内支撑系统。基坑底进行土体加固(加固范围宽 5.2 m,深 4.5 m)。基坑内共设置 3 道混凝土支撑(图 2-14),第一、二、三道支撑中心标高分别为+2.900 m、−1.900 m 和−5.800 m,底板标高为−9.2 m。

基坑围护结构变形监测项目主要有围护结构测斜、支护结构内力、坑外水土压力、墙后地表沉降、建筑物沉降等。

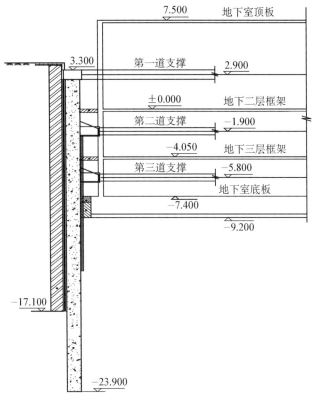

图 2-14 基坑支护结构剖面图

2. 围护结构变形分析

围护结构测斜点布置如图 2-15 所示。

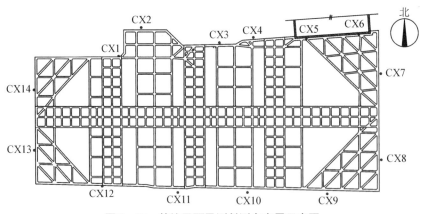

图 2-15 基坑平面及测斜测点布置示意图

施工过程第一阶段是从 2005 年 11 月 11 日开始,到同年 12 月 24 日为止。该阶段所对应的基坑工况是从开挖初期到挖至坑底,即−9.2 m 处。在开挖深度至−6.2 m(12 月 4 日)左右,基坑周围部分地面和建筑物出现裂缝,地面最大裂缝宽 3 mm,建筑物最大裂缝宽 2.5 mm。第二阶段是从 2006 年 1 月 3 日开始，到同年 3 月 10 日为止，该阶段所对应的基坑工况是从基坑地下室底板施工到地下室二、三层框架完成。

CX1—CX3 测点位于基坑发生险情的北坡的中部，CX8、CX12、CX14 为其他三侧边坡中典型测点。在分析最大水平位移及其深度位置时，将其归一化，采用其与开挖深度的比值 δ_{hm}/H_e 和 H_{hm}/H_e。各测点累计水平位移随施工过程发展的曲线如图 2-16、图 2-17 所示。

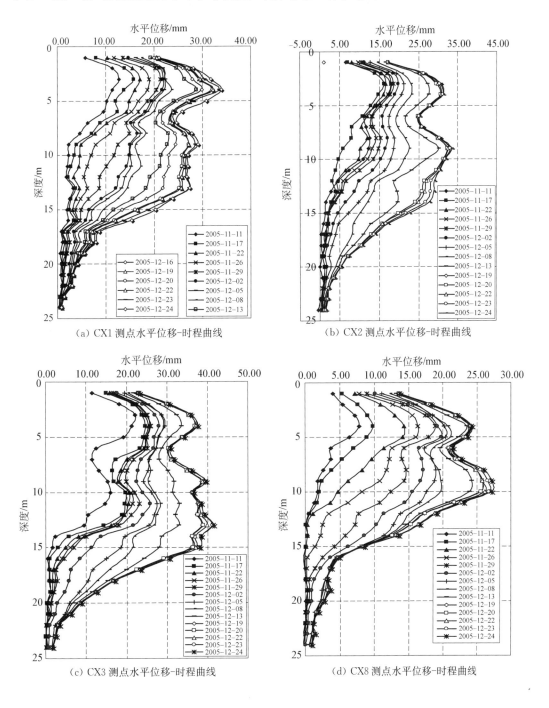

（a）CX1 测点水平位移-时程曲线　　（b）CX2 测点水平位移-时程曲线

（c）CX3 测点水平位移-时程曲线　　（d）CX8 测点水平位移-时程曲线

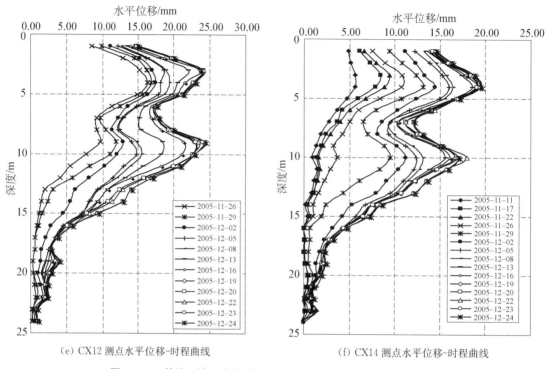

（e）CX12 测点水平位移-时程曲线　　　　　　（f）CX14 测点水平位移-时程曲线

图 2－16　基坑开挖至底板（第一阶段）典型测点水平位移-时程曲线

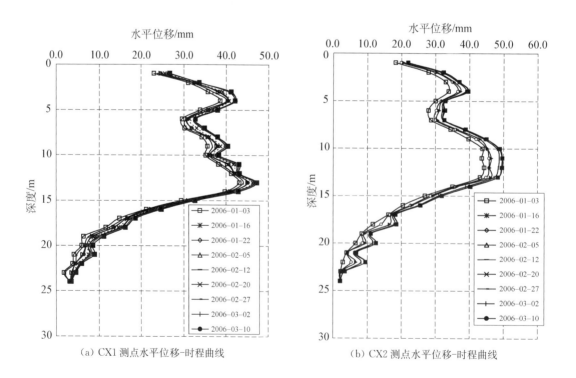

（a）CX1 测点水平位移-时程曲线　　　　　　（b）CX2 测点水平位移-时程曲线

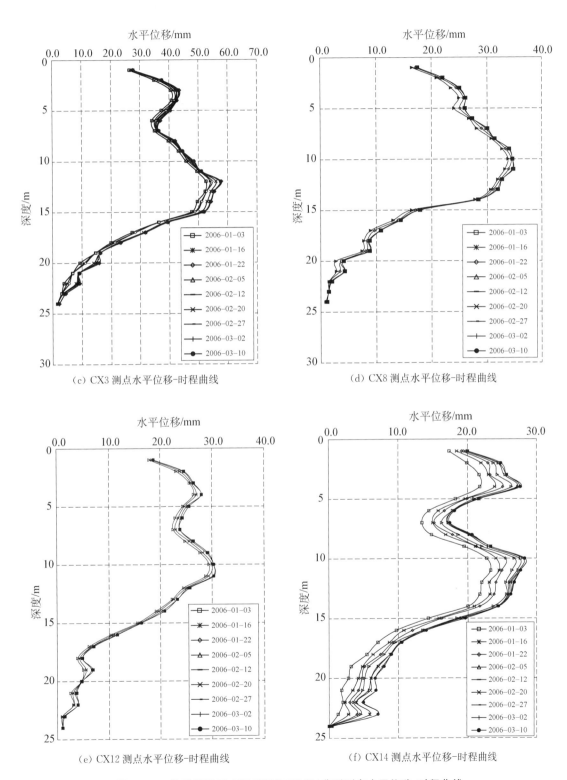

（c）CX3 测点水平位移-时程曲线

（d）CX8 测点水平位移-时程曲线

（e）CX12 测点水平位移-时程曲线

（f）CX14 测点水平位移-时程曲线

图 2-17　基坑开挖至底板后（第二阶段）典型测点水平位移-时程曲线

图 2-16、图 2-17 表示的是基坑两个阶段围护结构的变形，从图中看到：

1) 围护结构变形模式

大多数围护结构体累计水平位移-时程曲线都呈现出两个峰值、一个凹槽，形状呈立着的"马鞍形"。马鞍的第一个峰值出现在 4 m 处上下，马鞍的凹槽发生在 6～7 m 处。马鞍的第二个峰值开始出现在 10 m 上下。随着基坑开挖深度的增加，第二个峰值范围逐渐变大，最大可达 10～15 m 处。15 m 以下墙体累计水平位移随时程逐渐变小，到 24 m 处趋近于零。上述累计水平位移-时程曲线呈现"马鞍形"的原因，是由于该基坑采用了刚度较大的混凝土支撑，围护结构为钻孔灌注桩，支撑对围护结构刚度的变形表现出较强的约束作用。但仍可看出，围护结构水平位移的主要趋势还是体现出顶部小、中部大、底部小的外凸抛物线形，且马鞍形突出的部分相对于墙体总体位移值较小，可用上大下小的抛物线形拟合，即基坑变形模式中的"抛物线一型"。以 CX8 点为例，采用抛物线函数拟合，如图 2-18 所示。

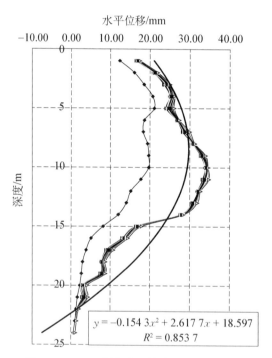

图 2-18　CX8 测点水平位移-时程曲线拟合

此外，12月4日左右基坑周围部分地表和建筑物出现裂缝，而后险情得到有效控制。在此过程中基坑的变形模式没有太多变化，始终保持"马鞍形"。可见一般破坏模式中，基坑由安全进入危险的临界状态或初步阶段，变形模式一般没有改变，只是位移最大值和最大值的位置发生改变。当然如果之后没有采取风险控制措施，而导致风险的加剧，那么变形模式应该会发生改变。

2) 围护结构水平位移最大值 δ_{hm}

围护结构水平位移最大值 δ_{hm}，如图 2-19、图 2-20 所示。

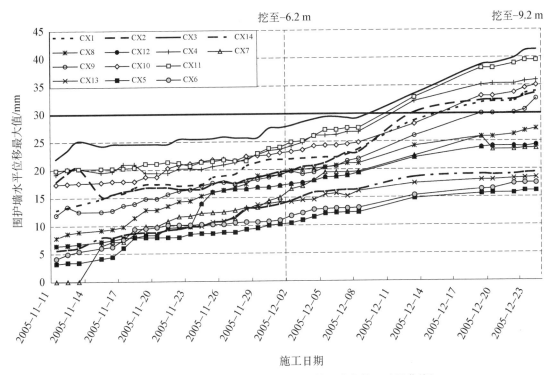

图 2‑19 围护结构水平位移最大值(第一阶段施工时程曲线)

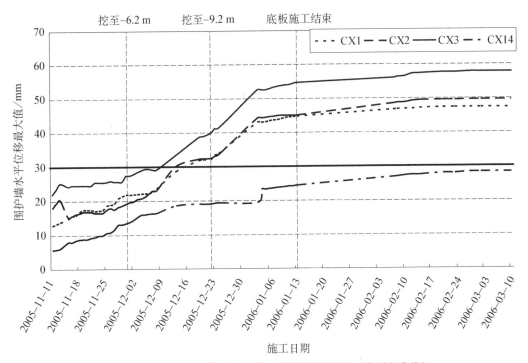

图 2‑20 围护结构典型测点水平位移最大值(施工全时程曲线)

图 2-19 给出了出现险情的第一施工阶段围护结构水平位移随施工时程发展情况。图 2-20 给出了出现险情位置附近的测点 CX1—CX3 和没有出现险情的典型测点 CX14 的围护结构水平位移最大值随整个施工过程发展情况。图中用粗线标出的 30 mm 为工程中的监测报警值。

分析监测结果可见,围护结构的水平位移最大值对基坑的施工情况指向性很强,体现在以下几点:

(1)出现裂缝处附近测点累积位移均较大。CX1—CX4 点从施工开始累计位移就较大,在整个施工过程中 CX3 点一直是累计位移最大的点。在基坑出现裂缝险情后,即 12 月 4 日前,距离险情出现处最近的测点 CX3 变形就接近预警值。各测点累计水平位移最大值比较见表 2-1。

表 2-1 第一阶段结束时墙体最大累计水平位移

测点	CX1	CX2	CX3	CX4	CX5	CX6	CX7
水平位移最大值/mm	33.7	34.5	42.2	35.9	23.8	23.5	23.7
最大位移标高/m	−4	−9	−13	−4	−4	−3	−10
测点	CX8	CX9	CX10	CX11	CX12	CX13	CX14
水平位移最大值/mm	27.6	32.5	39.5	35.9	24.7	18.5	19.1
最大位移标高/m	−9	−9	−11	−10	−9	−3	−4

(2)出现裂缝处附近测点的累计位移较早达到基坑监测报警值。CX3 点的位移最早达到预警值。

(3)基坑周边最大累计位移发生在建筑物周围(基坑的阳角处)和基坑南北长边上(CX1、CX2、CX3、CX4 和 CX9、CX10、CX11 测点)。这说明基坑长边比短边稳定性差,有建筑物作用、阳角周围使基坑围护结构水平位移增加,此点与人们一般认识一致。

(4)从图 2-20 可见,无论是 CX1—CX3 还是 CX14 点,都是工程开始阶段和最后阶段曲线之间位移增量较小,中间阶段曲线之间位移增量较大。这是因为开始阶段,基坑开挖深度浅,故由开挖引起的各曲线位移增量小;最后阶段,基坑开挖已经到底,墙体变形已不是由基坑深度增加引起,而是因时间效应或受其他扰动引起,故各曲线之间位移增量也较小。中间阶段,基坑开挖深度大,墙体受力面积也较大,故在同样的开挖进尺下,墙体位移增量较大。

由以上四点可见,围护结构累计水平位移能够很好地反映基坑的施工工况,无论基坑处于安全状况还是危险状况,其对于基坑险情均具有很好的指向性。

3)水平位移最大值深度位置 H_{hm}

由图 2-16、图 2-17 可见,从基坑深度方向看,围护结构水平位移较大的深度位置有两个,集中在 4 m 和 10 m 上下。在基坑开挖的最初阶段最大值大多在 4 m 上下,基坑开挖到坑底后,水平位移最大值位置向下移,大多为 10 m 上下。表 2-1、表 2-2 列出了基坑开挖到底板和地下室结构施工结束后两个时间段水平位移最大值的深度位置。

表 2-2 第二阶段结束时墙体最大累计水平位移

测点	CX1	CX2	CX3	CX4	CX5	CX6	CX7
水平位移最大值/mm	47.3	49.6	57.8	—	—	—	—
最大位移标高/m	—13	—9	—13				
测点	CX8	CX9	CX10	CX11	CX12	CX13	CX14
水平位移最大值/mm	34.8	42.6	—	—	30.3	—	28.3
最大位移标高/m	—11	—9			—11		—10

统计 14 个测点监测结果,在基坑开挖到底时,在 4 m 的有 5 个测点,占 35.7%,在 10 m 上下的有 9 个测点,占 64.3%。

本例中基坑围护结构水平位移模式近似为"抛物线一型",出现险情时表现出的是围护结构中部变形值增加,最大值深度位置 H_{hm} 基本没变。

最大值深度位置主要与基坑开挖施工和支撑条件有关,H_{hm} 对于基坑出现险情没有明显指向性,但水平位移最大值的位置的变化可能对坑后地表沉降区域产生影响。水平位移最大值的位置是描述围护结构水平位移模式的重要因素,而不同的围护结构水平位移模式对应的失效模式也不同,因此最大值深度位置是对基坑安全风险的辅助描述,应在设计基坑安全风险预警标准时考虑。

3. 其他基坑状态特征参数分析

1) 支撑轴力变化状态分析

对支撑轴力监测数据的分析,不仅可以及时了解支护结构是否安全与稳定,而且可以对支撑结构的受力性态进行判断,为后续支撑的设计优化和改进提供必要的依据。从基坑开挖到地下室底板施工结束,对支撑轴力进行了量测,19 个测点的量测结果见图 2-21。图中正值表示受压,负值表示受拉。

从图中可看到,在基坑施工期间,支撑轴力随施工工况的不同,具有下列特点:

(1) 在基坑开挖期间,随着基坑开挖深度的增加,各支撑轴力也不断增加。基坑出现险情前(2005 年 11 月 29 日),以及基坑出现险情阶段(2005 年 12 月 8 日)基坑各个测点轴力都有较大幅度的上升,且在这段期间支撑轴力起伏较大,说明支撑结构由于围护结构水平位移的影响产生了应力的调整,一定程度上能够反映基坑的变形特征。

但是支撑轴力变化与基坑安全状态难以定量化地评价,且支撑轴力的变化可能有很多其他非基坑安全相关因素导致,指向性不明显。如第三道支撑施工时(2005 年 11 月 27 日),测点轴力出现较大幅度的减小,这是由于下道支撑施工减小了上道支撑轴力。

(2) 同一支撑中轴力不同,计算比较复杂。从基坑平面方向看,基坑两侧由于坑外地面超载不同等原因,不同位置的横支撑其轴力也不同。整个施工中,基坑中层的第二道横支撑,基坑北侧的轴力大于靠近防汛墙南侧的轴力;基坑东西两侧的轴力接近。基坑底部的第三道横支撑轴力规律与第二道横支撑轴力相近,也是基坑北侧大于南侧的,基坑西侧的大于东侧的。

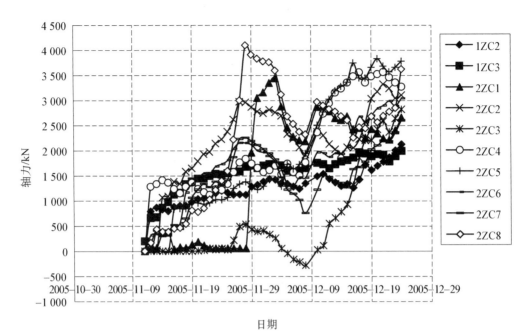

(a) 2005 - 10 - 15—2005 - 12 - 24(基坑开挖期间)

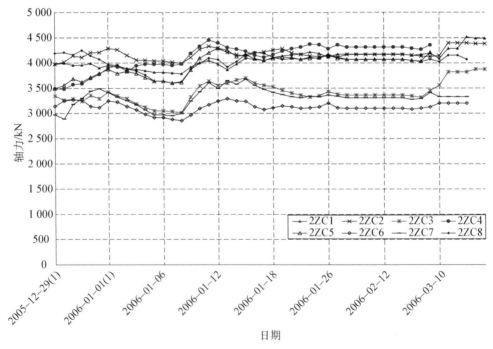

(b) 2005 - 12 - 25—2006 - 04 - 29(基坑底板施工期间)

图 2 - 21　支撑轴力随时间变化曲线

（3）支撑轴力一定程度上可以反映工程的施工状况。如图 2‑22 所示，位于基坑南侧中部的支撑一区的 3ZC5 测点，由于受到地下室底板施工以及换撑影响，测得的支撑轴力呈现剧烈的变化。在 2005 年 12 月 31 日轴力突然增加到 679 kN（压力），之后几天，逐渐由受压转为受拉，在 3 天后的 1 月 3 日所受轴力突变为 −1 068 kN（拉力），1 月 4 日轴力又转为受压 12.8 kN。但支撑轴力对如换撑等比较剧烈的扰动指向性比较明显，对于围护结构变形较小的情况指向性不明显。

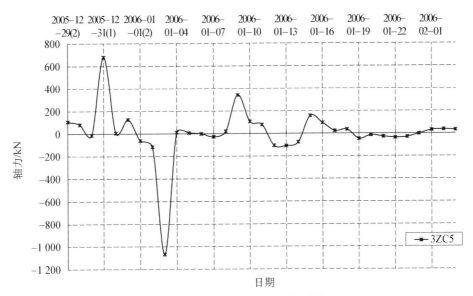

图 2‑22 测点 3ZC5 每日轴力随时间变化发展图

2）立柱竖向位移分析

立柱竖向位移随时间（即随时程）变化曲线如图 2‑23 所示，根据监测数据，在施工过程中，立柱桩的竖向位移一直表现为隆起，在基坑开挖过程中（2005 年 11 月—12 月下旬）隆起量较大，最大为 26.7 mm（Z43、Z42），之后逐渐减小趋于平稳。从基坑平面看，隆起量是基坑中部小、两侧大。

由以上分析可见，立柱位移受地下室底板施工影响很大。底板施工基本遵循先中间 1 区、2 区，再东西两侧 3 区、4 区的顺序，而立柱的隆起也是体现出基坑的东西两侧隆起相对较大、中间隆起相对较小的情况。在底板施工完成后，立柱隆起逐渐平稳。但在底板施工完成后支撑爆破拆除前，立柱以较快速度下沉，这期间位移变化量最大的是基坑东北角的测点，其次是基坑中部，其他位置位移相对较小，之后地下室结构施工期间各立柱呈现逐渐下沉至平稳的趋势。

虽然立柱桩的竖向位移可以判断基坑的坑底隆起情况和支撑的工作性能，一定程度上表明了基坑的稳定性，但通过监测数据可见，在基坑险情较小或是险情还未出现前，立柱隆沉对基坑的险情指向性不强。

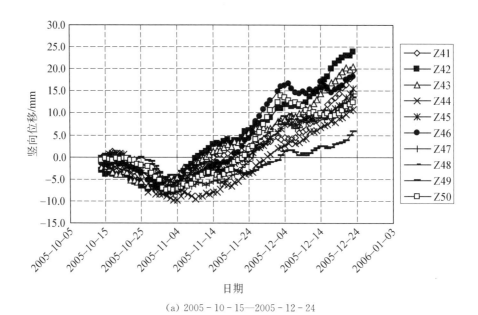

(a) 2005 - 10 - 15—2005 - 12 - 24

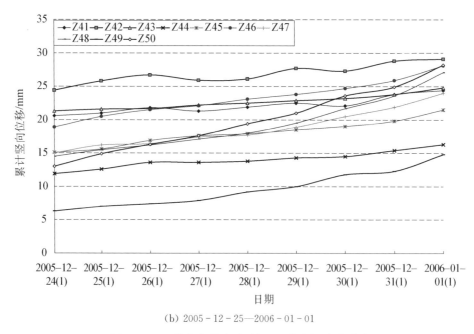

(b) 2005 - 12 - 25—2006 - 01 - 01

图 2 - 23 立柱竖向位移随时间(即随时程)变化曲线

3) 基坑周围建筑物竖向位移分析

房屋监测主要围绕某大厦和老楼开展,在其周围均布了 20 个测点,根据监测结果得到房屋竖向位移发展如图 2 - 24 所示。

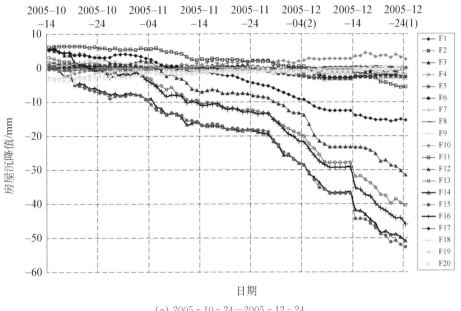

(a) 2005 - 10 - 24—2005 - 12 - 24

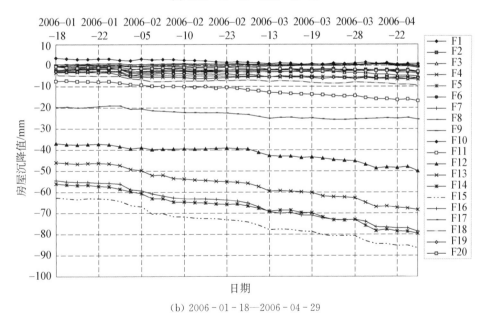

(b) 2006 - 01 - 18—2006 - 04 - 29

图 2－24 建筑物监测点竖向位移随时间发展曲线

在基坑开挖和地下室施工期间,房屋沉降的发展规律具有如下特点:

(1)从整个房屋的沉降情况来看,在基坑开挖过程中,由于老楼更加靠近基坑中部位置,且位于基坑的一个阳角上,使老楼南侧的测点沉降速率和沉降量相对其他部位要大,这一情况在随后的地下室结构施工中也存在。

(2)从房屋沉降在基坑开挖过程中的发展规律来看,房屋的基础形式对沉降值有较大影响,基础薄弱的房屋对基坑开挖的敏感性更高。由于某大厦采用了桩基,因此在整个开挖过程中,某大厦受到基坑开挖的影响很小,总的沉降量不到 10 mm,而且在整个基坑开挖过程中,没有出现大的位移变化。但是对于老楼,由于其基础为埋深较浅的条形基础,在基坑开挖过程中,整个房屋的沉降量明显大于某大厦,地下室施工结束后,房屋最大沉降接近 90 mm,并且随着基坑开挖,房屋的沉降出现明显增加的趋势。

(3)由监测数据可以发现,位于老楼南侧的测点沉降速率在 10 月 19 号基坑开挖第一皮土期间突然增加,最大值达到了 -4.4 mm/d,此后日沉降呈波动发展,时而上抬时而下沉。从 11 月 28 日第二皮土开挖开始,沉降速率再次增加。至 12 月 4 日第二皮土开挖完成,房屋出现裂缝,累计沉降量超过了预警值(30 mm)。此后对房屋使用劈裂注浆等一系列加固措施后,位移累计值曲线发展缓慢,位移速率基本都小于报警值。可见加固措施效果明显,基坑周围建筑裂缝和沉降控制很好。

综上所述,房屋的沉降直接反映了建筑物的安全状况,但是对于围护结构变形无法兼顾,且在一些工程中房屋沉降并非必测内容,因此作为预警指标不具有指向性和可行性。

4)坑外地下水位监测分析

基坑外地下水位对围护结构体的受力以及基坑的稳定性有一定影响,同时也对坑外环境,如建筑物及地下管线的沉降产生一定作用。地下水位的突然改变往往预示着施工风险的产生,因此,对地下水位的监测也十分重要。图 2-25 为典型工况下坑外地下水位变化曲线。

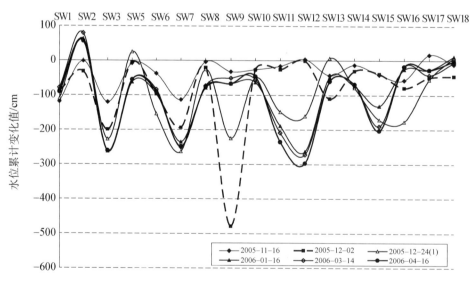

图 2-25 典型工况下坑外水位变化曲线

由图 2-25 可见,在基坑施工期间,受降水措施的影响,地下水位有所下降,且随时间的变化比较稳定,在地下室施工阶段水位逐渐回升。从 11 月 16 日到 12 月 2 日 SW9 测点水位变化较大,将近下降 500 cm,但是下降速率没有超出预警值(>500 mm/d)。

5）基底土体回弹监测数据分析

该工程共布置9个基底土体回弹测点,如图2-26所示。图2-27为基底隆起量随时间变化图,基底隆起量从2005年12月4日开始监测,至2005年12月25日地下室地板施工完成结束。

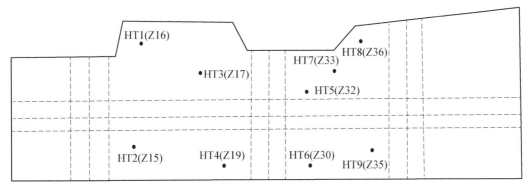

图 2-26　基坑回弹测点平面布置图

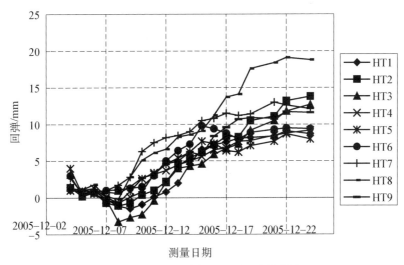

图 2-27　基底隆起量随时间变化曲线

从图2-27可以看出,在基坑开挖过程中,坑底土体产生隆起,基本与基坑开挖深度成线性关系,但在第一道支撑施工期间,由于上部施工荷载增大,土体隆起值减小甚至变为沉降,但数值较小。从坑底隆起的分布来看,由于土体采用分块开挖,因此整个坑底隆起分布均匀,且隆起量在20 mm以内。在基坑施工的整个过程中,隆起量没有超过报警值（30 mm）。坑底回弹量的大小除和基坑本身特点有关外,还和基坑桩、基底加固、基底土体的应力释放系数大小等因素有关。因此,坑底隆起对于考虑周围建筑物的安全性判断基坑风险时,指向性不明显,敏感性不强。

2.4.2 工程案例二:上海市某大型圆形深基坑工程

该工程(黄宏伟等,2008)位于上海市静安区,地块南北方向长约 220 m、东西方向宽约 200 m。工程为全地下筒形结构,地下结构外墙外壁直径 130 m,地下 4 层,框架剪力墙结构,采用桩筏基础。基坑开挖深度为 34 m,属于一级深基坑工程。工程施工采用"地下连续墙两墙合一+结构梁板替代水平支撑+临时环形支撑"的"逆作法"施工。围护结构厚 1 m,深 53 m,插入比为 0.703。每层土体开挖采用盆式加抽条分区开挖方式。

该工程施工期间管线沉降超出报警值。本节选取了一个典型的围护结构测斜点的水平位移随施工过程发展情况为例。该测点的水平位移-时程曲线如图 2-28 所示。

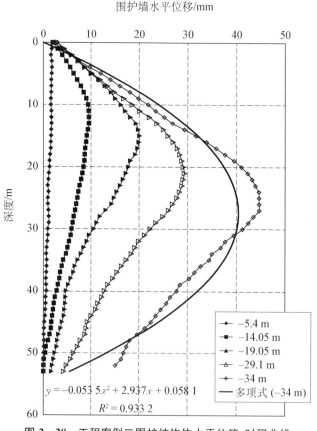

$$y = -0.053\,5x^2 + 2.937x + 0.058\,1$$
$$R^2 = 0.933\,2$$

图 2-28 工程案例二围护结构体水平位移-时程曲线

从图 2-28 中看到:

(1) 在该工程顶板施工前(即开挖到-5.4 m),围护结构顶水平方向位移没有约束,围护结构的受力呈悬壁状态,变形曲线呈倒三角形。顶板施工后,对围护结构顶水平方向位移产生约束,墙底位移较大,围护结构水平位移曲线呈抛物线形。由于逆作法深基坑工程顶部约束为结构楼板,所以开挖期间墙顶位移很小,墙底位移相对较大。当开挖 29.1~34.05 m 的⑥$_1$ 粉质黏土层、⑦$_1$ 砂质粉土层时,围护结构的插入比由 0.837 减小至 0.703,墙底位移增加显著。

围护结构整体变形模式为两种位移过程相叠加的模式。在本例的支撑条件下,围护结构体的变形模式随着施工过程而变化,但在施工进入主要阶段,即开挖深度较大时,围护结构的变形模式还是呈上小下大的抛物线形,本书称之为"抛物线二型"。

（2）围护结构水平位移最大值随开挖深度增加逐渐增加,对深基坑工程的开挖工况和安全状况有很好的指向性和敏感性。

（3）随着开挖深度增加,墙体最大位移值的位置逐渐下降,表明墙体最大位移值的位置与开挖深度相关性很大。

为进一步分析 δ_{hm} 作为深基坑工程安全风险预警值的敏感性和指向性,下面列出了该工程几个管线相邻的围护结构测点变形与管线变形的关系,见图 2－29、图 2－30、图 2－31。

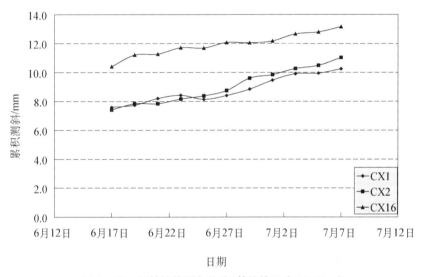

图 2－29　围护结构侧向位移(基坑挖深为 14.05 m)

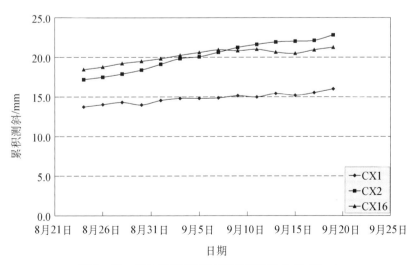

图 2－30　围护结构侧向位移(基坑挖深为 19.05 m)

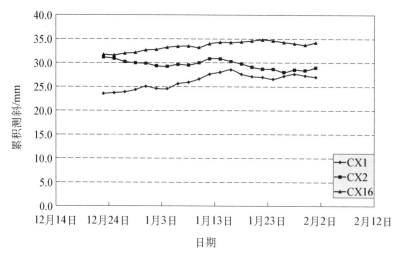

图 2-31   围护结构侧向位移(基坑挖深为 29.5 m)

该工程周围管线走向与基坑边坡相切,距基坑最近约为 20 m,三条信息管线 H、煤气管线 M、上水管 S 基本相互平行。由图 2-29—图 2-31 可见,施工期间 CX16 点附近基坑水平位移较大,特别是开挖至 14.05 m 施工期间。而与之相符的就是,管线监测中,同一施工期间也出现了靠近 CX16 点的测点沉降普遍都较大,管线沉降的最大值点基本上都是位于偏向 CX16 点方向,见图 2-32。

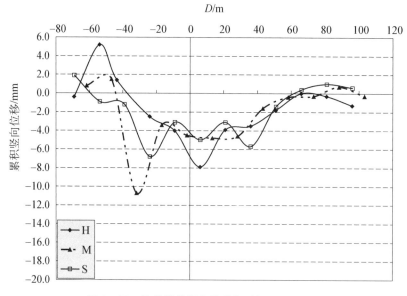

图 2-32   坑外管线竖向位移(开挖至 14.05 m)

由此可见,实际监测数据反映了围护结构测斜值的变化,确实能够反映部分管线沉降的情况,特别是管线沉降最大的位置。地下深基坑工程围护结构水平位移最大值可通过与坑后地表沉降的关系表征施工期间建筑物和管线等工程周围环境的安全风险。

2.4.3　工程案例三:宝钢某漩流池深基坑工程

该工程(黄宏伟,2006)为上海宝山钢铁股份有限公司(以下简称宝钢)1880 热轧带钢工程漩流池深基坑工程。工程开挖深度为 35.30 m,地下连续墙嵌固深度为 17.77 m,插入比为0.514。工程主体为有效直径达 32 m 的圆形结构。该深基坑工程支护结构采用 1 000 mm 厚的地下连续墙和 800 mm 厚的内衬复合墙体。深基坑工程没有采用内部支撑结构,围护结构为悬壁结构。该工程围护结构体水平位移-时程曲线如图 2-33 所示。

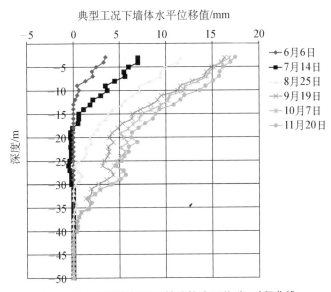

图 2-33　工程案例三围护结构水平位移-时程曲线

如图可见,该工程围护结构最大位移一直为墙顶,该工程围护结构体水平位移模式近似为"倒三角形"变形模式。水平位移最大值随开挖深度增加而增加,在漩流池结构施工阶段(9月19 日后)水平位移增速减缓。水平位移最大值位置一直不变。

2.4.4　工程实际变形分析

分析以上三个典型深基坑工程案例可见:

(1) 深基坑工程围护结构的变形模式按照施工阶段的不同,或施工工法的不同有所区别。总体来说,均是带支撑深基坑工程悬壁开挖阶段或不设支撑悬壁开挖的深基坑工程围护结构水平位移符合"倒三角形"变形模式,设支撑后围护结构的位移可能为上大下小的"抛物线一型"或上小下大的"抛物线二型"变形模式。三种变形模式均可以用围护结构水平位移最大值及其位置、墙顶位移、墙底位移四个量来描述。

(2) 周围环境产生破坏的前期或初期,深基坑工程围护结构的变形模式基本不变,且围护结构水平位移最大值对深基坑工程风险具有很好的指向性和敏感度,可以作为警兆预报深基坑工程的风险。但水平位移最大值的位置与工程的支护方法、施工方法、施工工况以及地质条件等有关。

（3）对于悬壁开挖的深基坑工程，在支撑、围护结构等硬件设施不变的条件下，施工期间围护结构的变形模式基本不变，围护结构水平位移曲线一般一直保持第一种变形模式。

（4）对于有支撑的深基坑工程，围护结构的变形模式随着开挖不同阶段的发展逐步地叠加，最后体现为三种模式的叠加，之后的施工期间该深基坑工程变形模式不会改变。随开挖深度的加深，变形加大，而且最大变形位置逐渐向下移动。

2.5 深基坑工程安全状态特征参数对比分析

2.5.1 围护结构水平位移

综上所述，围护结构水平位移是深基坑工程系统安全状态最主要的特征参数，主要有以下四个原因：

（1）围护结构水平位移是工程开挖全过程中支护结构与土体相互作用的直观表征，能综合反映支护结构的变形和受力情况，直接反映深基坑工程支护结构的稳定与安全。

深基坑工程的开挖过程是深基坑工程开挖面上土体卸载的过程，由于卸载而引起坑底土体产生以向上回弹为主的变形，同时也引起围护结构在两侧土压力差的作用下而产生水平位移和因而产生墙外侧土体位移，对于带支撑深基坑工程，支撑系统也会产生变形。通过深基坑工程失效模式的分析，在深基坑工程失效的 10 种情况中，基本均有围护结构水平位移过大的表现，围护结构变形对深基坑工程事故存在很好的指向性。

因此，围护结构水平位移在监测数据分析中具有特别的重要性。此外，国家及各地区规范中对环境要求控制指标一般也用围护结构允许位移或含有位移的参量确定。

（2）围护结构水平位移与周围环境安全密切相关。

深基坑工程开挖导致围护结构变形，围护结构变形引起坑外地表沉降和坑底隆起，坑外土体位移对地层内的构筑物产生影响。因此，围护结构的水平位移可以综合考虑深基坑工程自身和周围环境的安全。

（3）围护结构水平位移变形量的观测敏感性高，并能为支护体系的可能破坏与失稳提供前兆信息。

围护结构最大累积变形与日最大变形速率（把观测位移的时间间隔作为一参量即可）能够反映深基坑工程状态的发展变化，揭示深基坑工程施工过程中的变形规律，反映深基坑工程风险发生的状况。在实际工程中常出现深基坑工程外地表和周围建筑物已经产生可见裂缝，围护结构侧移的变形模式基本未变，但是围护结构水平位移最大值已经接近或达到预警值的现象，且深基坑工程出现警情的部位对应的水平位移最大值随着深基坑工程开挖深度的增加，其发展速度明显比其他部位快。可见围护结构水平位移对深基坑工程安全警情具有很敏感的预见性。

（4）观测方便、测量成本低。围护结构的水平位移一般采用测斜仪或水准仪进行测量，测点在施工过程中不易被损坏,观测或布点时对施工干扰较小,观测方便,成本较低,施工方便。

综上所述,围护结构水平位移是保证深基坑工程安全最重要的参数。围护结构变形可以作为风险预警指标,较其他监测项目,更能及时、准确地反映深基坑工程一般的安全风险。

2.5.2 坑底隆起

深基坑工程坑底隆起量的大小是判断深基坑工程稳定性和将来建筑物沉降的重要因素之一。深基坑工程坑底隆起量较大,这主要是由于深基坑工程卸载量较大,而深基坑工程内后期施作的结构物与开挖出的土体重量相差较大,使坑底土体隆起,寻找新的静力平衡状态,随着坑底隆起的发展,伴随有围护结构外侧土体向坑内移动和地面沉降。坑底隆起会引起围护结构变形和周围土体向下和向深基坑工程内侧的运动,这是坑底隆起引起周围环境破坏的主要原因。坑底隆起量小说明了开挖过程中的稳定性好,如果隆起量较大、隆起速度过快,则意味着深基坑工程有失稳的危险。

围护结构的变形可以部分地表现为坑底隆起破坏和坑底管涌这两种破坏形式。对于易于产生坑底隆起破坏的软土地区,坑底隆起或沉降受两方面影响,一是开挖后坑底土体因卸荷作用,产生部分弹性回弹隆起,更主要的则是因周边土体的挤压而产生坑底的塑性变形。而土体的挤压同样亦将作用于工程围护结构上,从而产生相对较大、朝向深基坑工程的水平位移,因此围护结构安全与坑底安全有关联,且往往围护结构变形的异常将先于坑底隆起异常出现。

坑底隆起量显然是坑底隆起破坏和坑底管涌这两种事故的最佳预警指标,但是坑底隆起量并不对如2.2节所述的其他八种深基坑工程常见事故具有较强指向性或敏感性。当深基坑工程出现围护结构折断、深基坑工程内倾破坏、支护系统失稳等破坏时,虽然也会出现一些坑底隆起的现象,但事故发生的原因是围护结构变形过大或破坏。

2.5.3 支护结构内力

支护结构内力监测包括了支撑轴力的监测,沿桩(墙)身钢筋、冠梁和腰梁中较大应力断面处主钢筋应力或混凝土应变的监测,通过监测应力和设计值进行比较,判断桩身、冠梁、腰梁内应力是否超过设计值。支护结构应力直接反映了深基坑工程支护体系的安全度,是确保深基坑工程安全的非常有效的指标。但是,目前的监测方法、监测设计上存在以下问题:

(1)支撑杆的内力不仅与监测计放置的截面位置有关,而且与所监测截面内的监测计的布置有关。一般情况下,钢支撑的监测截面通常选择在杆端附近;而钢筋混凝土支撑杆,往往在其总长的中间或1/3部位选择监测截面,监测计布置在支撑截面的上下表面或左右侧面,其监测结果通常以"轴力"(kN)的形式表达,即支撑杆监测截面内的测点应力平均后与支撑杆截面的乘积。显然,这与结构力学的轴力概念有所不同,它反映的仅是所监测截面的平均应力。

(2)实测的支撑轴力-时程曲线在有些工程中呈现明显的规律特征,在当前支撑工况下挖方,支撑轴力增加,在后续架设的支撑工况下挖方,预警支撑的轴力发生适当调整,后续架设的支撑轴力增加。但这仅是深基坑工程开挖时支撑杆的一种受力形式,而在有些工程中则出现挖方加深,支撑的实测轴力不仅未增加,反而降低的异常现象;或者实测支撑轴力-时程曲线跳跃波动很大的现象。如本书工程案例一中,深基坑工程南侧中部的支撑 3ZC5 测点(如图 2-21 所示),测得的支撑轴力每日剧烈变化,用此数据判断深基坑工程是否稳定比较困难。此外,实测的"轴力"值有的工程超过竖向弹性地基梁基床系数模式的理论计算值 2 倍以上,或远超过支撑杆的容许承载力,但深基坑工程却安全可靠。而有的工程实测的轴力不到理论计算值的几分之一却出现围护结构位移过大引起周边环境破坏。显然,这与支撑连接节点和支撑杆所受的弯、剪应力等因素有关,亦与监测结果计算方法方面存在的问题有关。

因此,只依据实测的"轴力"有时不易判别清楚支撑系统的真实受力情况,甚至会导致相反的判断结果。

(3)在现有技术条件下,对深基坑工程应力监测手段非常有限。对支护结构钢筋应力监测而言,常用的监测计有钢弦式应力计或电阻应变片。电阻应变片准确度不高,易受外界干扰,有时支撑还未受力,仪器指针就开始胡乱转动。而深基坑工程的监测一般都要几个月的工期,因此一般采用振弦式钢筋应力计。但钢筋应力计须焊接连接或套筒连接,电缆保护困难,价格较贵,布置数量有限,导致施工过程复杂,难以实时监控支护内力。对混凝土的监测一般采用混凝土应变计,但应变计及其连接导线对混凝土内的高温、高碱性环境适应性不佳,测得的数值准确度不高,且在施工过程中容易损坏。

上述问题的存在,限制了将支护结构内力作为预警指标的可行性,使其重要程度低于围护结构水平位移。

2.5.4　墙后地表沉降

坑外地表沉降反映了深基坑工程开挖对环境的影响,也是判断支护体系有效性的重要指标。在软土地区深基坑工程中,一般都要对此项目进行测量,根据周围环境要求设定地表沉降预警值,以确保深基坑工程稳定性及周围建筑物的安全。

但墙后地表沉降一般并不直接反映深基坑工程安全性。墙后地表沉降是由深基坑工程围护结构变形引起的,它反映了深基坑工程周围建筑物的安全状态,但由于监测手段和经费的限制,工程中获得的关于地表沉降的信息十分有限,不能很清楚地说明深基坑工程整体的安全性。

墙后地表沉降主要由围护结构位移引起,是深基坑工程安全风险的间接风险源,不是直接风险源。在实际工程中,由于周边建筑物、交通道路的影响,墙后地表沉降的测量并不方便,许多重要数据也无法获得,进一步制约了其作为预警指标的可行性。

2.5.5　坑外孔隙水压力和土压力

挡土墙侧土压力采用沿挡土墙侧壁土体中埋设土压力传感器进行测试,可采用钢弦式或电阻应变式压力盒;孔隙水压力采用振弦式孔隙水压力计测试,用数字式钢弦频率接收仪测读数据。

在深基坑工程开挖过程中,由于围护结构体位移,坑外孔隙水压力和土压力发生变化。从监测结果来看,深基坑工程主动土压力与挡墙位移的关系基本呈双曲线关系;被动土压力与挡墙位移关系在开挖面以上呈近似线性关系,未表现出双曲线关系,但在开挖面以下逐渐呈现双曲线关系。总体说来,坑外土压力非常复杂,随开挖深度和时间动态变化,分析起来比较困难。

坑外孔隙水压力变化主要受到围护结构体位移和井点降水影响。在深基坑工程内逐层开挖时,支护结构前移,支护结构后土体侧胀,深基坑工程下土体向上回弹,使各部分土体均有膨胀的趋势。这将在土体中形成负超静孔隙水压力,它改变了支护结构上的荷载和抗力的大小和分布。

因此,坑外孔隙水压力和土压力的测量对研究围护结构应力状态有较大帮助,但并不直接反映深基坑工程和支护结构的稳定性,显著性不如围护结构水平位移。

2.5.6　其他项目

对于立柱沉降,由工程案例一可以看出,在深基坑工程的开挖阶段,由于土方的开挖卸载作用,立柱的竖向位移表现为隆起,但在底板施工过程中,虽然立柱位移主要表现为隆起,但有的测点立柱下沉,规律性并不强。因此,只有结合围护结构内力测试结果及其他监测项目,才能对工程稳定性作出判断。

建筑物的沉降监测在工程中并不是必测项目,引起建筑物沉降的原因众多,难以准确将深基坑工程施工对其影响剥离开来,且只能反映建筑物的安全状态,不能作为整个深基坑工程系统的安全风险预警指标。

随着深基坑工程施工进行,各点地下水位一般呈现波动变化。地下水位的变动规律,可以反映止水帷幕的隔水效果。但由于受到多种因素影响,水位的变化和深基坑工程稳定性关系不明显。

以上这些监测项目,一般与深基坑工程围护结构水平位移结合起来,对深基坑工程稳定性进行分析和验证,起到辅助的作用,特别是对于深基坑工程自身安全性可以得到保障,但对周围环境造成了损失的风险事件,这些参数对深基坑工程风险指向性不强。

综上所述,所有深基坑工程特征参数中,围护结构水平位移是最重要的项目,它对深基坑工程的安全风险状态具有很好的指向性和敏感性,且工程中对它的测量相对更加普遍和可行。坑底隆起量和坑外地表沉降对于深基坑工程和周围环境的安全性也有预警作用,但它们都是对于部分风险事故有较好的敏感性和指向性。

2.6　深基坑工程施工安全风险预警指标

运用预警指标进行预警的基本要求是:根据事物发展过程中与其他事物总是有不同程度的联系,且事物发展相互之间关联的各因素,在变化时间上不可能同步这些特点,预警指标的变动就被要求可以反映或预见到某一因素的变动,预警指标要具有超前于预警对象的性质,预警指标与预警对象存在内在联系,通过分析这个预警指标的变动情况,就可以对预警对象的风险进行科学判断。因此,深基坑工程安全风险预警指标的设计必须根据其风险事故发生的内在规律进行。

通过前文的研究,分析了深基坑工程施工期间该系统包括围护结构和周围环境变形的特点,以及它们与深基坑工程风险的内在关系,可以初步认识到,支护结构系统和周围地层变形是支护结构各部分与周围地层及外界因素相互作用的反映,是结构内力变化与调整的宏观表现,其特征和数值是整个深基坑工程系统是否安全最直观的标志,又是突发性事故发生的前兆,因而是施工安全预警的主要依据。但是反映支护结构系统和周围地层变形的项目很多,如果能够全部作为预警指标进行分析会对深基坑工程的安全风险做到最全面的反映,但是这样做可能会消耗大量精力,且不能很好地应用于工程实际。因此,在安全风险预警还未普遍推广的今天,只能先选择比较关键的几个指标作为预警指标。同时为了与实际工程相结合,预警指标的选择是基于现有的深基坑工程监测项目。

对于这个系统,选择多少个指标才能完全描述其安全状态是需要首先确定的问题。视深基坑工程围护与支撑结构为一共同变形体系统,且是一耗散结构系统,将现场量测的围护结构变形视为该系统的外观表征,利用这些变形数据计算了上海几种常用围护结构系统的吸引子维数,确定描述深基坑工程系统所需要的最少状态变量个数不少于 2 个,才能够快速有效地分析深基坑工程系统的稳定及其可能发生的各种更为细致的力学行为(黄宏伟,1997)。因此,本书将选择两个深基坑工程安全风险预警指标。

确定预警指标是根据其与所研究的深基坑工程安全风险的内在联系。对于深基坑工程自身和周围环境的安全事故,围护结构水平位移、坑底隆起量、周围地面沉降量都是能够反映深基坑工程安全状态的参数,其中围护结构水平位移对于一般的深基坑工程事故类型,都具有较好的指向性和敏感性。虽然对于坑底隆起和坑底管涌的事故,围护结构水平位移的敏感性和指向性不如坑底隆起量强,但坑底隆起对于其他八类事故的指向性和敏感性不强,综合分析围护结构水平位移最适合作为深基坑工程安全风险预警指标。因此,深基坑工程安全风险预警主要指标为围护结构水平位移最大值 δ_{hm} 及其深度位置 H_{hm},其中后者作为辅助指标。

3 深开挖工程施工安全风险预警体系

3.1 深开挖工程监测技术及报警标准

3.1.1 基坑工程监测技术历史发展及现状

基坑工程的监测作为其施工安全控制手段在国外于 20 世纪 60 年代开始应用,主要是在奥斯陆和墨西哥城软黏土深基坑中使用仪器进行监测,到 90 年代就出现了电脑数据采集系统(刘建航等,1997)。一些国家将基坑安全监测纳入基坑安全管理工作中。监测预警方法已从人工测量、分析与预报发展到计算机自动控制,形成了较完善的基坑安全监测预警系统。

我国基坑工程的全方位监测于 20 世纪 90 年代才开始起步。1999 年我国制定并投入使用了第一部关于深基坑支护的全国性专业规程《建筑基坑支护技术规程》(JGJ 120—99),其中提出了深基坑支护结构内力和变形监测的要求,但对各级基坑对应的监测项目及其报警值的规定比较笼统。上海、深圳、北京、广州、武汉等地及冶金部建筑研究总院等分别编制了地方或部门的有关深基坑支护的指南、规范或规程,与国家规范相比,对监测项目的规定较为具体。国内基坑监测项目可按物理力学性能分为:支护结构、土体、环境建构物和管线的位移或倾斜、应力应变(土压力、支护结构的轴力、弯矩和剪力)等。2009 年国家住房与城乡建设部首次颁布了国家级的《建筑基坑工程监测技术规范》(GB 50497—2009),对不同安全等级基坑的监测项目、方法及其监测报警指标确定方法提出了明确规定。

目前我国基坑等地下深开挖工程的施工监测技术进入迅猛发展的阶段,仅以围护结构水平位移测试而言,传统多为采用水准仪、全站仪,而后在一些重要工程中采用了埋入围护结构或墙后土体的内置型测斜仪,但该测斜仪仍需要人力进入施工现场测试,监测精度和监测工序虽然比水准仪要高,但是比较耗费人力,而近些年在上海地铁 4 号线、大连地铁、上海世博园区 500 kV 地下变电站等重要工程施工中则采用了远程围护结构变形受力监测系统,实现了动态、实时监控。

刘国彬等(2003)建立了集数据自动采集、远程传输、数据处理、分析预测于一体的深基坑工程监测管理信息系统,其实现了实时多方式数据传输,在保证数据安全可靠的同时,实现数据网络共享,可多方参与其中,分享监测结果。此后,远程监控技术得到了更多的应用,上海世博园区地下变电站基坑工程(2008 年)结合信息网络平台建立了全方位全过程的监控网络。近些年,大连地铁某车站深基坑工程基于物联网应用技术,构建了由数据采集、通信联络、核心处理空间和数据终端组成的物联网框架;然后,基于原型系统基本功能开发,分析了深基坑围护结构中锚杆轴力监测预警过程,构建了深基坑围护结构变形远程监测预警装备系统,可获取深基坑围护结构变形及其灾变演化实时数据,并实施灾变预警(王洪德,2013)。但这些远程监控系统的优势主要在数据采集和分析系统,而不是监测技术。

近些年,有些学者将数值分析方法与远程实时现场监测系统相结合,形成了深基坑三维可视化安全预警平台。唐述林等(2013)申请了深基坑变形稳定性远程智能监测及三维预警方法与系统专利。该系统基于深基坑岩土物理力学参数、深基坑区域水文地质工程地质条件与

FLAC3D技术,建立施工区域深基坑开挖变形稳定性三维数值模型;又基于VTK商业软件系统建立深基坑三维可视化安全预警平台。但其现场监测手段多是基于传统的测斜仪、静力水准仪与孔隙水压力计等,监测分析项目为深基坑坡顶和围护桩的沉降、水平位移与围护桩周土孔隙水压力,且监测预警值也是基于现行规范。

近年来基坑监测技术迅猛发展,结合激光量测技术,马广生等(2012)建立了深基坑位移激光传感自动监测预警系统。庞红军等(2012)采用测量机器人开发深基坑自动监测系统,实现对深基坑围护结构体三维位移的自动监测,并对测量机器人开发自动控制软件需注意的问题及控制流程作了阐述。通过对监测网的布设、测量方法与程序流程、系统误差及系统构成的研究分析及在实际项目中的应用表明:在无支撑结构通视条件较好的深基坑监测中,用测量机器人代替经纬仪、全站仪人工测量、测斜仪、分层沉降仪实现围护结构的整体监测是可行的,可节约监测成本,提高监测效率;另外,当测斜管被破坏时,可以作为补充手段,监测基坑不同深度的水平位移。中海达公司也采用全站仪机器人监测技术,建立了适应包括光纤通信、无线网桥通信、GPRS/3G无线网络通信等通信技术的深基坑监测远程控制系统。但这些技术还未在工程中得到广泛推广。

由于起步较晚,从监测技术到建设方、施工方的认识程度上,国内深基坑等深开挖工程施工监测现状都与实际要求有一定差距,近些年也因为对监测重视程度不高,导致了一些基坑事故,但是随着重视程度的提高、科技水平和材料工业的发展,我国地下深开挖工程施工监测必将朝着实时、高效、适用条件更为广泛的方向发展。

3.1.2 我国现行规范中基坑工程监测报警标准

《建筑基坑工程监测技术规范》中规定了不同等级基坑工程的监测项目、监测频率,采用监测项目的累计变化量和变化速率两项指标共同控制报警。报警标准作为基坑监测预警的核心内容,由基坑设计方提供,其设计方法可分为如下两种:一是在没有地方经验时,依据规范提供的参考值,根据基坑的等级确定监测项目的报警值,这使得监测预警很大程度上依赖于工程经验;二是根据基坑的周围环境情况,采用理论计算或数值模拟方法,分析周围环境对基坑变形的控制要求,从而设计基坑开挖时监测项目的报警值。

一般基坑工程设计单位应综合考虑这两种方法,根据工程涉及范围内周围环境中被保护对象的变形控制标准,提供给监测单位监测项目报警标准。

但在国家标准《建筑深基坑支护技术规程》(JGJ 120—2012)中对监测报警标准的规定并不具体,其规定:"深基坑开挖前应做出系统的开挖监控方案,监控方案应包括监控目的、监测项目、监控报警值、监测方法及精度要求、监测点的布置、监测周期、工序管理和记录制度以及信息反馈系统等。"

北京、深圳、上海、广州等一些地方城市或地区的标准,根据当地情况和工程经验对基坑监测预警值给出了比较具体的参考值。

2009年颁布的《建筑基坑工程监测技术规范》中,详细给出了无当地经验时,各支护结构、各等级基坑的监测预警值的参考值(参见该规范中表 8.0.4),为基坑监测控制标准规范化提供了很好的依据。

3.2 基坑工程风险分析理论研究现状

"风险",在 17 世纪中叶被引入到英文,拼写成"risk"。在涉及风险问题的研究中,风险的定义大致可分为两类:第一类定义强调风险的不确定性,称为广义风险;第二类定义强调风险损失的不确定性,称为狭义风险。由于人们研究的角度不同,对风险的看法和给出的定义也不尽相同,很难给出一个完善严谨并应用于不同领域的定义。对于隧道及地下工程,黄宏伟教授提出,风险可定义为:在以工程项目正常施工为目标的行动过程中,如果某项活动或客观存在足以导致承险体系统发生各类直接或间接损失的可能性,那么就称这个项目存在风险,而这项活动或客观存在所引发的后果就称为风险事故。

目前基坑等地下开挖工程风险研究大致可分为两部分内容:从工程管理角度进行风险管理理论的研究;针对风险管理中重要环节——风险评估进行研究,即从岩土力学角度和工程经济角度对工程风险事故的失效概率和事故损失进行研究。本书主要着重于后者。

3.2.1 现代岩土工程风险管理理论

1. 风险的定义

关于风险的定义,不同的行业有不同的理解,在《地铁及地下工程建设风险管理指南》中它被定义为:若存在与预期利益相悖的可能损失或不利性(即潜在损失),或由各种不确定性所引发的对工程建设的责任主体和执行主体或第三方造成的危害,均称为工程风险。工程风险本质包括:风险因素、风险事故、风险损失,其中,风险因素是指导致工程发生损失或不利后果的各种不确定性因素。直接或间接造成的各种损失,或不利结果,或危害即为风险事故,风险损失是指风险事故发生后可能引起的各种损失和负面影响。

虽然各个风险定义模式不同,但其中均包含了风险的两个基本要素,即:风险发生的概率和损失,仅仅是这两者之间的关系不同而已。目前比较通用的用数学语言表达的风险函数定义如下式所示:

$$R = f(P, C) \tag{3-1}$$

式中 R——风险;

P——风险事件发生的概率;

C——风险事件发生的后果,即损失。

这种函数关系最简单也是应用最多的是相乘关系,即:

$$R = P \times C \tag{3-2}$$

这种风险函数定义默认每一风险因素对应一个发生概率和后果,是一个定性的定义。

2. 风险管理流程

工程风险管理指工程参与各方(包括规划方、业主、顾问、工程勘察单位、承包方、设计方、施工单位、监测单位、监理单位等部门)通过风险定义、风险辨识、风险估计、风险评价和风险决策,并优化组合各种风险管理技术,对工程实施有效的风险控制和妥善跟踪处理。

工程风险管理应贯彻于工程全寿命周期,包括:规划阶段、工程可行性研究阶段、设计阶段、招投标阶段、施工阶段、运营阶段和报废阶段。工程风险管理应结合工程不同阶段全面、系统、科学地开展工程风险的定义、辨识、分析、评估、决策和控制。在合理和可行的前提下,把工程中可能存在的各类风险降到尽可能低的水平,以获得最大程度的安全、质量,保障工程建设工期,控制工程投资,提高风险管理效益。

现代风险管理理论认为,风险管理一般包括风险定义、风险辨识、风险估计、风险评价、风险控制五个阶段,如图 3-1 所示。

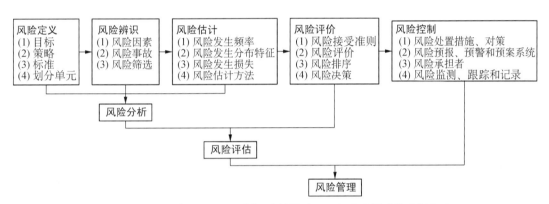

图 3-1　风险管理流程图(引自《地铁及地下工程建设风险管理指南》)

3. 风险辨识

风险辨识(或识别)是工程风险管理的重要内容,是整个风险管理系统的基础。所谓风险辨识,是指对潜在的、客观存在的或由于主观可能引起的各种风险进行系统地、连续地识别和归类,并定性或定量地分析这些风险的大小。

风险辨识的过程可分为 6 个步骤(图 3-2),即:风险分类、明确参与者、收集阅读相关资料及专家咨询、风险识别、风险筛选、编制风险识别报告。

图 3-2　工程风险辨识流程

深开挖工程风险预警时主要辨识对象为深开挖工程的整体安全风险。

4. 风险估计

风险估计有很多种方法,可分为定性分析方法、定量分析方法和定性定量分析方法。

1) 定性分析方法

定性分析方法主要包括：专家调查法（德尔菲法）、"如果……怎么办"法、失效模式和后果分析法、风险评价指数矩阵法、基于信心指数的专家调查法等。目前较常用的是基于信心指数的专家调查法。

所谓信心指数（陈龙，2004），就是专家在作出相应判断时的信心程度，也可以理解为该数据的客观可靠程度。这意味着将由专家自己进行数据的可靠性或客观性评价，这就会大大提高数据的可用性，也可以扩大数据采集对象的范围。通过这种方法，可以挖掘出专家调研数据的深层信息。即使数据采集对象并非该领域的专家，只要他对所作出的判断能够有一个正确的评价，那么这个数据就应该视为有效信息。

2) 定量分析方法

定量的分析方法包括：模糊数学综合评判法、层次分析法、蒙特卡洛数值模拟法、CIM（Controlled Interval and Memory Models，控制区间和记忆模型）法、神经网络法、等风险图法等。其中，CIM法是进行概率分布叠加的有效方法之一，其特点是：用直方图表示变量的概率分布，用和代替概率函数的积分，并按串联或并联响应模型进行概率叠加。

风险事故并非由一个因素导致的，往往存在众多致险因子，不同的风险因子都会导致风险事故的发生且风险因子往往带有随机性。因此，风险致险因子与风险事故两个层次属于并联关系。为满足并联模型条件，本书规定任何一个致险因子的发生都会导致风险事故的发生，忽略其相互之间的关联性。这要求在对风险致险因子进行定义时需要尽可能完整全面。

从风险事故到分部工程以及从分部工程到单位工程的叠加来说，作为风险辨识的结果，认为各项风险在工程中是确实存在的，各个风险事故的损失的和构成了分部工程和单位工程的风险损失，因此其相互之间的关系符合 CIM 串联模型的逻辑关系。基于以上的分析，从风险事故到分部工程以及从分部工程到单位工程的叠加采用 CIM 串联模型，并假设各个风险事故相互独立，不考虑之间的相互影响。

3) 定性定量分析方法

定性定量分析方法主要包括：事故树法（故障树法）、事件树法、影响图法、原因-结果分析法，以及各类综合改进方法，如信心指数法、模糊层次综合评估方法、模糊事故树分析法、模糊影响图法等综合评估方法等。

5. 风险评价模型（引自《地铁及地下工程建设风险管理指南》）

设潜在损失 C 的分布函数为 $F(c)$，密度函数为 $f(c)$，C 的取值范围为 $[0, S]$，该项目最大可容忍损失为 $T(T < S)$，风险值为 R，则该潜在损失的风险指标 α 由下式确定：

$$\alpha = \begin{cases} \widetilde{\omega}_1 \times \widetilde{\omega}_2, & R \leqslant T \\ 1, & R > T \end{cases} \qquad (3-3)$$

$$\widetilde{\omega}_1 = \frac{x}{1+x}$$

$$\omega_2 = \begin{cases} \dfrac{R}{T}, & R \leqslant T \\ 1, & R > T \end{cases}$$

如果损失 C 为连续函数，则

$$x = -\int_0^S f(c)\ln F(c)\mathrm{d}c \qquad (3-4)$$

如果损失 C 为离散型随机变量，则

$$x = -\sum_{j=0}^S [\ln P(C_j)]P(C_j) \qquad (3-5)$$

式中 α——风险指标；

$\widetilde{\omega}_1$——密度函数 $f(c)$ 的形状参数，取值范围为 $[0,1)$；

$\widetilde{\omega}_2$——密度函数 $f(c)$ 的位置参数，取值范围为 $(0,1)$；

x——损失分布的熵。

根据风险估计的结果和形式，采用风险指标作为风险评价准则。根据风险指标的大小，将风险分为 5 个等级。根据风险估计得到的风险指标的数值对风险进行评价。

6. 风险评价标准

隧道及地下工程建设期间发生的工程风险，是否可接受以及接受程度如何，决定着不同的风险控制措施，在风险管理中称为风险接受准则，它表示在规定的时间内或某单项工程阶段中可接受的总体风险等级。针对不同的风险等级标准，可预先制定不同的风险控制措施。

依据风险发生的概率（或频率）的大小，风险概率等级分为五级，见表 3-1。

表 3-1　　　　　　　　　　风险概率等级标准

等级	一级	二级	三级	四级	五级
事故描述	不可能	很少发生	偶尔发生	可能发生	频繁
区间概率	$P < 0.01\%$	$0.01\% \leqslant P < 0.1\%$	$0.1\% \leqslant P < 1\%$	$1\% \leqslant P < 10\%$	$P \geqslant 10\%$

注：P 为事故发生概率。

考虑到隧道及地下工程风险事故损失严重程度的不同，建立风险损失的等级标准，见表 3-2，具体到不同风险的承险体（工程项目、第三方或周边环境）定量风险损失等级标准。

表 3-2　　　　　　　　　　风险损失等级标准

等级	一级	二级	三级	四级	五级
描述	可忽略	需考虑	严重	非常严重	灾难性

而后根据不同的风险概率等级和风险损失等级，建立风险等级评价矩阵（简称风险矩阵），见表 3-3。

表 3-3   风险评价矩阵

风险		事故损失				
		1. 可忽略的	2. 需考虑的	3. 严重的	4. 非常严重的	5. 灾难性的
发生概率	A: $P < 0.01\%$	1A	2A	3A	4A	5A
	B: $0.01\% \leqslant P < 0.1\%$	1B	2B	3B	4B	5B
	C: $0.1\% \leqslant P < 1\%$	1C	2C	3C	4C	5C
	D: $1\% \leqslant P < 10\%$	1D	2D	3D	4D	5D
	E: $P \geqslant 10\%$	1E	2E	3E	4E	5E

不同的风险需采用不同的风险管理和控制措施,结合风险评估矩阵,不同等级风险的接受准则和相应的控制对策见表 3-4。

表 3-4   风险接受准则

等级	风险	接受准则	控制对策	建议应对部门
一级	1A,2A,1B,1C	可忽略的	不必进行管理、审视	设计、施工、监理单位
二级	3A,2B,3B,2C,1D,1E	可容许的	引起注意,需常规管理审视	
三级	4A,5A,4B,3C,2D,2E	可接受的	引起重视,需采取防范、监控措施	总承包商
四级	5B,4C,5C,3D,4D,3E	不可接受的	需重要决策,需采取控制、预警措施	建设公司;指挥部或政府部门
五级	5D,4E,5E	拒绝接受的	立即停止,需采取整改、规避或预案措施	

为了使风险评估结果更直观,可采用不同的颜色标识表示不同的风险等级。

风险管理者可以按照风险评估的结果对风险事件作出决策。可以选择投入资金规避风险,亦可以选择接受部分风险,承担部分损失,以减少经济投入。

在整个施工过程中风险是一个动态的存在,需要我们实时对风险进行监控,这与深开挖工程监控的用意殊途同归。采用风险动态监控优于常规监测,它从经济与安全两个角度出发,更加全面、细致,并且给决策者提供了更加科学的依据。

3.2.2 岩土工程风险管理理论研究的历史发展及现状

风险管理的研究最早可追溯到公元前 916 年的共同海损制度。Casagrande(1965)首次提出了岩土工程计算风险(Calculated Risk),这标志着岩土工程风险分析研究的开始。20 世纪 50 年代工程结构可靠度理论为工程风险分析提供了一种新的方法,进一步促使了工程风险分析与评估理论的应用研究。

早期国际上学者们主要研究了风险管理理论在岩土工程中应用的可行性,对岩土工程风险进行定义,探讨风险分析方法对岩土工程的适用性。在基坑及岩土工程风险管理理论研究方面,Morgenstern(1995)研究了岩土工程中的风险管理;Smith(1996)在《国际建筑法回顾》一文中研究了风险定位方法;瑞士联邦技术研究院的 M. H. Faber(2001)系统地阐述了风险分析常用方法及其在土木工程中的应用;英国的 Clayton(2001)提出了岩土工程风险管理的方法。

而后研究主要集中在探讨更加适合岩土工程的风险管理方法,以及如何将风险管理方法运用于实际工程,还有学者将岩土工程风险管理作为大学课程,将岩土工程风险管理方法写入国家规范,进一步规范化了风险管理方法,扩大了风险管理的影响,提高了岩土工程行业对风险管理的重视程度。如 Molendijk W. O. 等(2003)提出了岩土工程风险管理的 GeoQ 方法。荷兰 GeoDelft 中心的 Martin 等(2004)提出通过监测地层和工程系统的变形情况,控制工程的风险,分析了 GBR(Geotechnical Baseline Report)、岩土工程风险定位和岩土工程监测的关系,并基于前两者确定了岩土工程可监测风险及其监测方法。Martin Th. van Staveren 和 Ton J. M. Peters(2007)研究了岩土工程中由于地层的不确定性带来的风险,并且在 Delft 大学开设了"岩土工程风险管理"的课程,教授学生如何处理岩土工程中可能由地层产生的风险。美国 OSHA(Occupational Safety and Health Act)(2005)制定了相关标准,从工程管理的角度,规定了人为开挖工程中为避免发生风险事故应采取的措施,其中包含了基坑工程,条款包括施工的各个分部工程。Osama A. 等(2007)从承包商的角度,对于沙特阿拉伯某些公共设施工程的基坑或沟槽施工中的风险进行辨识和分析,提出了规避措施。

21 世纪前国内对基坑工程风险分析方面的理论研究及其应用相对较少,近些年随着国家和社会对工程质量和人员安全的重视度越来越高,风险分析正逐渐受到重视,越来越广泛地应用于地下工程领域。

早期研究主要集中在风险管理理论在国内岩土工程中的应用研究。如杨子胜等(2004)介绍了基坑工程项目风险管理的国内外研究动态,分析了基坑工程项目中的不确定性问题,阐述了基坑工程项目风险管理的概念、特点和管理措施。中国土木工程学会隧道及地下工程分会风险管理专业委员会也于 2004 年 11 月成立,标志着我国隧道及地下工程的风险管理在逐渐步入稳步发展的道路。

而后诸多学者探讨了不同的风险分析方法对深基坑工程的适用性,总结了隧道及地下工程建设中的特点,对风险的定义、风险发生的机理进行研究。边亦海等(2005)把可信性方法引入到深基坑工程的风险分析中,并研究了深基坑工程施工期的风险管理。王岳森等(2006)依据失败学原理,运用失败树分析法,对某建设项目深基坑支护工程失败原因进行了分析,给出了失败树的逻辑图形,把失败路径、失败过程、主要风险因素及风险控制条件清晰地表达出来,进而对工程项目施工进行安全预警,相对而言,这比单纯设置报警值要具体些,而且可以了解深基坑工程的安全状况,但仍没有对安全程度进行量化,深基坑安全评价方法有待提高。黄宏伟(2006)针对隧道及地下工程建设中的特点,对风险的定义、风险发生的机理、国内外研究进展、当前实施风险管理中存在的主要问题,以及风险管理研究的发展等进行了探讨,认为在工程全过程建设中,风险因素在不断变化,在每个阶段、不同时刻应对工程进展中的风险因素予以评估和分析,随着工程项目的进展,实施风险预报及报警和预案十分必要。边亦海(2006)撰写了博士论文《基于风险分析的软土地区深基坑支护方案选择》,引入了模糊数学的理论,计算深基坑工程支护系统失效概率的可能性分布规律,提出了时变风险的概念,采用蒙特卡洛有限元方法计算深基坑支护结构的失效概率,并对支护结构变形失效的损失进行分析,得到随着深基坑开挖,深基坑支护结构的时变风险,给出了基于风险分析的深基坑支护方案设计流程,为深基坑工程的设计和施工提供指导。曹卫民等(2007)从基坑工程勘察、设计、施工、监测四个方面,采用过程控制技术,探讨了基于风险管理技术的基坑风险因素识别以及风险评价、风险控制、风险防范等。吴韬等(2008)识别了异形深基坑施工过程中的风险因素,用专家调查法和风险矩阵法进行了风险等级评估,并提出了管理措施。

随着国内学者们的努力,风险管理理论在实际工程中的应用蓬勃发展起来,国家也给予了极大的重视。黄宏伟于 2006 年主持开展了深层地下结构施工中风险研究项目;2008 年主持开展了宝钢深基坑和深基坑群施工风险评估与控制项目;2005—2008 年主持完成了"城市地下空间建设风险控制机制"课题,编纂了《地铁及地下工程建设风险管理指南》。2007 年同济大学召开了首届岩土工程风险与安全国际研讨会,会议汇集了来自世界各地 18 个国家和地区的共 80 多篇论文,讨论了关于基于风险的规范设计,岩土工程中的不确定性与风险,可靠度与风险分析,项目风险管理,地质灾害、岩土工程以及地下工程中的风险管理和评估,工程全寿命分析,结构安全与岩土体安全的协调等几个方面的论题。我国岩土工程及地下工程中风险管理理论逐渐受到重视,也正被期待更大的发展。

3.2.3 基坑工程风险评估方法研究的历史发展及现状

基坑工程风险评估作为风险管理中的主要环节,主要的评估方法有三类:

① 定量风险评估方法,主要通过专家调研、可靠度等理论估算某种风险事故的发生概率和风险损失,然后计算相应的风险值,其中事故的风险概率计算是风险评估的关键环节(Einstein H. H. , 1996)。

② 定性风险评估方法,主要采用专家调研等手段得到事故的定性风险评估值(Reilly J. J. , 2000; Vogel M. , 2000)。

③ 定量与定性相结合的方法,即采用部分专家调研数据和定量计算相结合,通过其他技术方法如随机有限元来分析风险大小(ITA,2004)。

定量风险评估主要包括事故发生概率和风险损失分析两个方面。

1) 基坑工程事故发生概率研究

国外在基坑失效概率分析方面的研究开展得比较早。1956 年,卡萨格兰特(A. Casagrande)在"太沙基讲座中"提出土工和地基工程中计算风险的问题。R. V. Whitman (1984)研究了岩土工程中计算风险的评估问题,并给出了岩土工程风险评估的基本流程和方法。M. Granger Morgan(1991)对于定量风险分析和决策分析中的不确定性进行了研究。

Morgenstern(1995)研究了岩土工程中的风险问题,认为岩土工程的风险主要分为模型风险、参数风险和管理风险,并给出了常用的风险评估方法和风险接受准则。K. Ho(2000)研究了岩土工程中的定量风险评估的原理、应用并提出了发展方向。John T. Christian(2004)在第39届"太沙基讲座中"提出如何分析岩土工程的不确定性和风险,认为世界中的不确定性不是其固有的性质,是由于人类认识的局限性造成的,如何在工程中建立更准确的分析模型,就是要减少人类认识的不确定性的影响,尽量得到符合实际的风险事故源的输入发生概率,提出 F-N 图较适用于比较计算概率与实际事故发生频率。韩国 Hyun-Ho Choi 等(2008),研究了地下工程的风险评估理论、地下工程风险评估和管理的模式以及适合采用的评估工具——风险分析软件、风险信息监测表、风险辨识和分析的细化检查表,其中风险分析软件基于模糊不确定模型。

目前国内对于风险评估的研究已逐渐发展起来,上海隧道设计研究院的范益群(2000)提出了地下结构的抗风险设计概念,计算出深基坑、隧道等地下结构风险发生的概率以及定性评价风险造成的损失,并提出改进的层次分析方法。李惠强等(2001)用 FTA 方法编制了某深基坑工程边坡开挖的事故树,用布尔代数法计算了边坡的失效概率。仲景冰等(2003)把工程失败学引入风险分析当中,分析了工程失败路径及风险源因素,并建立了深基坑地下连续墙支护结构体系的事故树图。毛金萍等(2003)用事故树对深基坑支护结构方案进行了风险分析,利用可靠度方法计算了深基坑支护系统的失效概率,并假定损失与初期投入成正比,最后综合考虑总费用,得到了最佳的支护方案。黄宏伟等(2005)采用风险矩阵法对深基坑工程进行了风险评估,并结合某工程实例进行了应用分析。姚翠生(2005)进行了流砂地区深基坑工程的施工风险分析。边亦海(2006)针对常规事故树不能考虑基本事件发生概率的不确定性这一现状,通过引入模糊集的概念,将常规事故树中基本事件的发生概率模糊化,用三角形模糊数代替确定性发生概率,应用模糊数截集方法,推导了模糊事故树的相关算法;采用模糊事故树方法得到深基坑工程 SMW 工法支护结构的模糊失效概率,并进行了敏感性分析,找出对顶事件发生概率影响较大的基本事件,确认减小 SMW 工法支护结构发生事故的相关措施;与常规事故树方法比较表明,模糊事故树方法不仅能达到常规方法的分析目的,而且可以得到深基坑支护工程失效可能性的分布规律。廖少明等(2006)运用数据挖掘的分析方法,对深基坑变形数据进行分析,得到了地铁深基坑变形速率变化与工程风险的关系,确定了相应指标的阈值。顾雷雨等(2008)研究了深基坑工程开挖导致的周围地表沉降曲线三个主要控制参数的概率分布特征。任锋等(2008)对深基坑工程风险评估进行了讨论,分析了决策支持系统的逻辑结构,将决策支持技术应用于深基坑工程风险评估。

2) 基坑工程可靠度失效概率研究

可靠度理论作为计算失效概率的方法之一,对于基坑工程风险定量评估作出了很大贡献。从 20 世纪 60 年代起,Hooper、Lumb、Megerhof、松尾稔等人就开始了关于土的性能统计性质的研究和资料搜集,利用这些基础数据,将地基的破坏概率、破坏概率与设计安全系数的关系、破坏概率与期望总费用的关系等每个具体问题都作为研究的对象。O. G. Ingles (1978)

研究了统计学、可靠度在岩土工程设计和施工当中的应用。20世纪90年代初,美国科学院下属的美国国家科学研究委员会(National Research Council)组成了一个从事可靠度研究的小组,对可靠度方法在岩土工程风险分析中的应用和存在的问题进行了全面的研究。J. M Duncan(2000)总结了影响岩土工程安全的主要因素和岩土工程中常用的可靠度方法,明确了土层的不确定性在岩土工程计算方法中的重要性以及概率统计方法在岩土工程可靠度分析中很好的应用性,Duncan的研究得到了John T. Christian等很多学者的肯定。G. N. Smith(1985)利用概率理论方法对嵌入式悬臂挡土墙的安全度进行了计算。A. A. Basma(1991)用可靠度理论分析了锚固挡土墙的安全度。C. Cherubini,A. Garrasi和C. Petrolla(1992)分析了黏性土中锚板桩的可靠性,给出了结构的两种不同的极限状态,并假定内摩擦角和土层的重度为互不相关的独立随机变量。W. Powrie(1996)在传统的极限平衡分析中,对挡土墙应力计算中的土性参数和挡墙安全系数的选取进行了研究分析。Matsuo(1980)、Bjerrum(1996)、Yossef(1996)等人,在基坑支护结构方面开展了较为系统的可靠性研究工作,他们分析了基坑支护体系各种失效模式的机理、研究了各种不确定性因素,并且还开展了可靠性分析方法及系统可靠性评价工作。新加坡A. T. C. Goh和F. H. Kulhawy(2005)采用神经网络方法对基坑支护结构的正常使用状态进行了可靠度评估,2008年用可靠度评估方法对有支撑基坑的坑底隆起稳定性进行了分析。

我国从20世纪70年代末才开展土力学中可靠性问题的研究,目前对于基坑工程可靠度的研究在风险评估领域应用得还较少。1983年初,中国力学学会岩土力学专业委员会在同济大学举办了"概率论与统计学在岩土工程的应用"专题学术会议,1986年召开了岩土力学参数的分析讨论会,推动了这项研究的开展。目前的研究主要有系统性论述、关于沉降概率分析、地基承载力概率分析、岩土参数概率模型、渗透问题和岩土参数统计规律等研究成果。近年来,概率有限元和蒙特卡洛模拟在土力学中的应用日益受到重视和发展。但由于基坑工程影响因素众多,积累的资料较少,这方面的工作较难进行,主要相关研究有:陈震(1995)通过对深基坑挡土支护结构承受外界作用的综合分析,建立了4个深基坑挡土支护结构可靠度模型,提出了确定的可靠指标。童峰(1996)对重力式挡墙进行了可靠度分析。胡益民(1996)根据深基坑支护桩的外界荷载作用,建立可靠性分析模型,提出了合理的可靠指标,并结合实例给出了深基坑支护桩可靠性分析的简化方法。徐超(1997)把可靠度理论应用到深基坑工程中并对基坑开挖中基底抗隆起进行了概率分析。况龙川等(1998)对重力式水泥土挡墙的可靠度进行了研究。刘国彬等(1998)尝试利用可靠度理论进行基坑工程中支护结构的受力及变形分析,研究了模型不确定性对结果的影响,通过蒙特卡洛有限元方法研究了土性参数 c、φ 变异性对结果的影响,并提出了基于可靠度理论的基坑支护结构受力及变形的概率预测方法,通过实例计算分析,验证了方法的可行性。杨林德等(1999)用蒙特卡洛方法对基坑变形的可靠度进行了分析。吕凤梧等(2003)提出了支护结构多支撑挡土墙施工过程"动态强度可靠度"和"动态刚度可靠度"的概念,研究了基于蒙特卡洛法的多支撑挡土墙动态可靠度计算方法,并详细分析计算了润扬长江公路大桥悬索桥北锚碇基坑施工过程中嵌岩地下连续墙的可靠度变化。张小敏等(2003)将模糊数学和基坑稳定的可靠度分析方法结合起来,建立了基坑稳定的模糊可靠度计算模型,推导出有关计算公式。廖瑛等建立了深基坑支护结构抗倾覆破坏稳定可靠性问题的研究方法(2003),采用 JC 法计算了实例的稳定可靠指标,用 JC 法对基坑支护结构的稳定可靠度进行了研究(2004)。许梦国等(2004)将系统可靠度理论运用于深基坑稳定性的可靠度分析,提出了基坑系统稳定性的可靠度模型,通过实例计算分析,验证了方法的可行性。赵平等(2006)用模糊可靠度理论对实际基坑边坡工程的土钉支护体进行了可靠度分析。

3) 基坑工程损失分析

在损失分析方面,主要包括损失分析的理论和基坑工程事故对其自身和周围环境造成的损失分析。在损失分析理论方法中,在用货币衡量人的生命价值方面,Marin 等(1992)提出用死亡导致的收入损失来衡量,Blanchard 等(1989)用统计意义上生命的价值(减少个人死亡风险所需的费用)来衡量,Bohm 等(1991)用政府对于意外死亡的赔偿来衡量。Reid 等(1993)和 Nathwani 等(1997)用人类发展指标和生活质量指标等社会指标来衡量伤残导致的对社会生活质量的影响。G. R. Heath(1997)评估了在软土地区由于隧道开挖引起的地面沉降对附近建筑物的危害,讨论了影响因素,并进行了损失估算。Anderson 等(1999)将地下工程中的主要风险分为四类:造成人员受伤或死亡、财产和经济损失的风险,造成项目造价增加的风险,造成工期延误的风险和造成不能满足设计、使用要求的风险。Faber(2003)把后果分为直接经济损失(建筑物损坏,产品损坏)、间接经济损失(使用延期,不便,失业)、人员伤亡、环境破坏等。

在环境损失分析中,Meyerhof(1947)分析了一幢 5 层钢筋混凝土框架结构,计算出对于受荷最大的梁,由于沉降应力增长约 74%,此梁差异沉降为 8 mm,跨度为 7.6 m,即使在预测应力增长 74%的情况下,梁没有观测到沉降裂缝。Skempton 和 Macdonald(1956)收集了 98 幢房屋破坏的沉降资料,其中 40 幢有破坏迹象,研究了决定房屋的容许总沉降和差异沉降的基本参数。Bjerrum(1963)对 Skempton 和 Macdonald 的结论进行了补充,将角变位值与不同破坏类型对应起来,给出了角变位与建筑破坏表现关系图。Burland 等(1975)研究了房屋的沉降及引起的破坏,并建立了房屋沉降和破坏之间的关系,并对开挖引起的房屋破坏进行了风险评估。O' Rourke(1976)研究了有支护基坑开挖引起的地表沉降和对邻近房屋结构的影响。Polshin 等(1957)根据收集到的工程实例,定义了三个参数:①沉降坡度:两支座间的差异沉降除以其间距;②相对弯曲:变形幅值除以变形距离;③建筑物平均沉降;根据不同结构形式,给出了最大沉降坡度的限值:钢结构、混凝土结构(填充墙)为 1/500,无填充墙的混凝土结构为 1/200,这些数据与 Skempton 和 Macdonald 给出的较为一致;但对承重墙较为严格:$L/H < 3$ 时,软土和砂土中的最大相对弯曲为 0.3%和 0.4%,$L/H > 5$ 时,分别为 0.5%和 0.7%。关于建筑物破坏及其对应损失赔偿方面,德国用房屋的倾斜度建立其与损失之间的关系,认为倾斜度每增加 0.002,其价值降低 1%。Boscardin 和 Cording(1989)对基坑开挖引起的建筑物沉降反应进行了研究,选取了深梁模型对砖混承重墙承受差异沉降的能力进行了分析,并分析了小型框架层数、跨数等对其差异沉降承受力的影响,还研究了基坑围护结构水平位移和竖向位移、基础连梁、建筑物方向、建筑物相对基坑的位置等因素对砖混承重墙差异沉降的影响。

Bracegirdle 等(1996)提出了一种评估开挖对铸铁管道潜在损害的方法。Boone(1996)提出了一种新的在地层移动下评估建筑物破坏程度的方法(first-order method),该方法将建筑物破坏评估与地层移动形态、结构几何尺寸、应变状态及材料的极限应变联系起来,并用该方法对 20 个工程实例进行了验证,证明了其较好的实用性。Burland(1995)和 Mair 等(1996)肯定了建筑物的差异沉降率 Δ/l 对建筑物破坏评估的重要性,并给出了两者之间的关系。Lee Jin Ho(1996)基于统计方法,建立了老建筑物的失效模型,确定其回归系数,提出了评估建筑物破坏水平及其重建的经济性的近似方法,该方法比较方便,可在不必详细评估时采用。Boone(1998,2001)、Boone 等(1999),研究了地表移动和房屋破坏之间的关系,地表沉降有关的房屋破坏,房屋和设施破坏的风险评估和施工沉降控制,邻近基坑开挖引起房屋响应的风险评估等问题。Burland 等(2002)总结了伦敦地铁 Jubilee 线延伸段隧道施工对周围建筑物影响的风险评估方法,采用三阶段风险评估理论,其中对建筑物的破坏进行了详细分类,运用 Boscardin 和 Cording(1989)给出的破坏种类与极限拉应变的关系,将建筑物沿长度方向简化为矩形梁,分析了建筑物沉降和水平位移对其的破坏;此外,还运用 Jubilee 线和以往相关工程实测结果对分析方法进行了验证,对现有风险定量分析方法和风险控制措施提出了建议。Finno 等(2002,2005)研究了软土中刚性支护基坑开挖对周围建筑物的影响,提出了分层梁模型,假设楼板限制弯曲变形,承重墙限制剪切变形,通过计算等效剪切刚度,进而计算最大弯曲应变和剪切应变,并同规范临界应变值进行比较,判断是否产生裂缝并评定破坏风险等级。韩国的 Moorak Son 和 Cording(2005)提出了四阶段方法来评估开挖造成的建筑物破坏,该方法假设结构移动同地表自由移动保持一致,并考虑建筑物开口以及土和结构的相对刚度的影响,通过计算角变位和水平应变来确定结构的破坏风险等级。Boone(2007)在 Geo-Denver 会议中提出,对于大型地下工程施工导致的建筑物破坏风险进行评估,通过综合工程施工导致的地层变形模式、成熟的建筑物破坏分类标准、应变叠加原理和临界应变、随机模拟方法、地层变形对建筑物的潜在影响及其内在原因等因素可以更好地进行更知情的决策。

国内关于基坑工程损失分析的研究工作相对较少,与之相关的主要是基坑开挖对周围的环境影响和建筑物的破坏这两方面的研究。主要研究有唐孟雄等(1996)研究了深基坑开挖过程中周围地表的沉降以及沉降对附近房屋、管线的影响,他把管线分成刚性接头和柔性接头,给出了不同的管线破坏判别公式。刘兴旺等(1999)对杭州及上海软土地区十几个成功基坑工程的围护体最大侧向变形、最大侧向变形位置、邻近建筑物的沉降以及变形的时间效应等进行了分析研究和总结,并根据建筑物沉降产生机理及工程实测资料,提出了建筑物基础为片筏基础和条形基础时,地表沉陷估算方法。国家煤炭工业局制定的《建筑物、水体、铁路及主要井巷煤柱留设与压煤开采规程》(2000)给出了矿山开采塌陷引起的建筑物损坏判定等级以及依据地表的移动变形值给出了砖混结构建筑物(单体长度小于 20 m)的损坏等级划分依据。杨国伟(2001)对深基坑附近建筑物的保护进行了研究;对承重墙和框架在基坑开挖引起的差异沉降下的附加内力分布进行了研究,给出了在已知地表沉降形态时分析建筑物破坏的一般方法及安全性判定方法,对不同的墙体沉降模式,分析了基坑沉降影响区内墙体的长高比 L/H、弯

曲与剪切模量等的影响,分析了框架沉降的位置、层数、相邻跨、次梁、楼板刚度等的影响,给出
了各种类型建筑物的容许差异沉降控制标准。李大勇(2000)对软土地区深基坑开挖中邻近地
下管线的性状进行了研究。高文华等(2001)对开挖过程中基坑变形进行了预测,并对邻近建
筑物的保护进行了研究。边亦海等(2006)综合地表沉降曲线形式、建筑物结构的几何尺寸、材
料的临界应变以及建筑物的破坏评价准则,采用建筑物的裂缝宽度来评价深基坑开挖引起的
建筑物潜在破坏,并以砖混结构为例,给出了整个风险评估过程。程显锋等(2007)基于上海地
铁基坑开挖过程中引起两栋砖混建筑变形破坏的现场实测数据,总结了基坑开挖引起建筑物
破坏的一些规律,并采用材料力学中深梁模型的变形曲线,与破坏准则相结合对建筑物在差异
沉降下破坏的机理进行了分析,理论分析与实测结果吻合较好。

3.3 安全风险预警体系的构建

城市地下深开挖工程施工安全风险预警体系将风险理论引入深基坑工程预警研究,采用
风险分析方法,以基坑的安全风险作为研究目标,以监测预警标准作为风险的具体体现。

3.3.1 深开挖工程施工安全风险预警标准的构建

安全风险预警标准是确定深开挖工程施工安全风险预警体系的核心问题。该标准的建立
原则是,能够考虑基坑主体和周围环境安全的客观不确定性,能够将工程的安全和经济投资两
方面共同考虑,对基坑系统的安全具有敏感性、指向性、可行性。考虑其可行性,安全预警指标
应以现有深开挖工程监测项目为基础。建立某城市地下深开挖工程施工安全风险预警标准的
思路如下:

(1)建立已建深开挖工程监测项目的实测数据库,包括工程本体变形受力特征监测数据
和由于工程开挖导致的周围环境变形实测数据。工程施工时,应将实时监测数据加入该数
据库。

(2)根据该工程的围护结构形式、周围环境和已建深开挖工程监测项目实测数据库对施
工中工程本体结构变形特征进行估计,确定安全风险预警指标。

(3)对周围环境进行调研,根据相关建(构)筑物变形监测标准,确定工程影响范围内需保
护建筑物和管线的允许变形值。根据各建筑物和管线的实际情况,计算其可能风险损失值,或
给出各建筑物和管线之间损失值的比值。根据周围各个需保护建筑物和管线受该工程的影响
程度及其损失价值,赋予其损失权重。

(4)根据对已建深开挖工程监测项目实测数据库的挖掘,统计深开挖工程风险预警指标
值的概率分布特征。

(5)分析工程本体结构安全风险与周围环境安全风险之间的关系。

首先对实测数据库进行挖掘,统计风险预警指标值与工程周围地层变形关系的概率分布
特征;其次采用数值分析方法和理论计算方法,分析工程周围地层变形与周围建(构)筑物变形

的关系,从而建立风险预警指标与周围建(构)筑物变形的关系。

(6)根据工程周围建(构)筑物允许变形值及其损失权重,采用风险评价矩阵,根据风险接受准则建立不同风险等级与风险预警指标值发生概率之间的关系,从而得到该工程不同风险等级对应的安全风险预警标准。

3.3.2 深开挖工程施工安全风险预警体系构建思路

在建立预警标准的基础上,城市地下深开挖工程施工安全风险预警体系包括如下几个方面(图3-3):

(1)工程施工前,根据相关规范要求确定常规监测项目,制定监测方案。

(2)根据工程情况按照上述步骤确定施工安全风险预警标准。

(3)对应工程风险等级制定风险规避措施预案。

(4)工程开工后,建立动态风险监控系统。根据监测数据,提供实时工程安全风险等级,根据风险规避措施预案进行风险规避,并记录风险规避措施执行情况。

(5)工程开工后严格执行监测方案,并及时将工程安全状态的监测数据补充入已建深开挖工程监测项目实测数据库,统计更新后的数据库中风险预警指标概率分布特征,如概率分布特征差别较大,则按照更新后风险预警指标概率分布特征对风险预警标准进行修正。

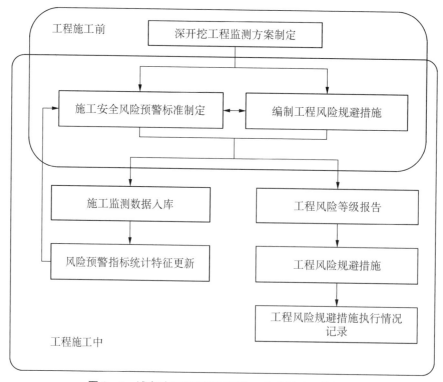

图3-3 城市地下深开挖工程施工安全风险预警体系

4 "绿场"下深开挖工程风险预警标准

4.1　概述

本书中将工程周围无建(构)筑物和管线,或者对建(构)筑物、管线等无保护要求的情况称为"绿场"。

风险预警标准是整个风险预警体系中最重要的部分,根据周围环境条件不同,风险预警标准也不同。绿场下制定风险预警时仅需要考虑工程本体的安全,以工程本体的安全风险为预警目标,工程本体风险损失为施工安全风险损失。因此,绿场下工程开挖时以围护结构水平位移最大值 δ_{hm} 和其深度位置 H_{hm} 为深开挖工程施工安全风险预警指标,了解其在工程施工中的风险概率分布特征,制定风险预警标准。

获得其概率分布特征可以采用两种方法:一是采用专家调查法等类似方法,对人的经验判断结果,进行概率统计分析;二是通过对实测数据库的挖掘,采用数理统计等方法,发现其概率分布特征。后者更加符合实际,更具可信性,但往往止步于数据的匮乏。本书在前人研究基础上,总结了包括世界范围内 300 多个已建深开挖工程的相关实测数据,建立了相应的数据库。由于深开挖工程在软土地区面临的安全问题较大,因此该数据库主要针对软土地区。

4.2　围护结构最大水平位移概率分布特征

4.2.1　围护结构最大水平位移与开挖深度相关性分析

围护结构水平位移最大值 δ_{hm} 和最大值深度位置 H_{hm} 是描述围护结构变形的两个基本特征值。在以往的一些研究中,大多将之与基坑开挖深度 H_e 建立联系,且认为 δ_{hm} 与 H_e 、H_{hm} 与 H_e 在基坑开挖过程中呈线性关系,如:

Hashash 等(1992)通过采用 MxT-E3 模型对在波士顿的隧道工程和台湾的快速交通线中软黏土深基坑工程开挖性状的预测,认为最大侧向变形可以被总结成开挖深度和支撑间距的函数。

Ou 等(1993)认为挡土壁的变形会随开挖深度的增加而增加,台北地区深开挖的挡土壁最大变形量与开挖深度的关系如图 4-1 所示,由此图可估计挡土壁的最大变形量 δ_{hm} 为 $0.2\%\sim0.5\%$ 倍的开挖深度 H_e ;在分析时,软弱黏土之 δ_{hm} 可采用上限值,而砂质地层可采用下限值,砂、黏土互层之地层可采用中间值。

吴沛轸等(1997)对台北捷运与以往之观测结果比较整理得知,捷运施工造成的壁体最大水平位移 δ_{hm} 约为 $0.07\%\sim0.2\%\ H_e$,如图 4-2 所示。

Goldberg 等(1976)对不同类型土体中 63 个工程的监测数据进行了分析,得到在砂土、砂砾层或刚性黏土中一般 $\delta_{hm}/H_e \leqslant 3.5\text{‰}$ 。

Zhu Xiaming(2007)根据已发表论文和新加坡工程实测数据,对世界范围内基坑开挖导致的围护结构变形和墙后土体变形规律进行了统计,其中包括对于软黏土基坑开挖中 δ_{hm} 与 H_e 的关系,共搜集案例 40 个,分析结果如图 4-3 所示。

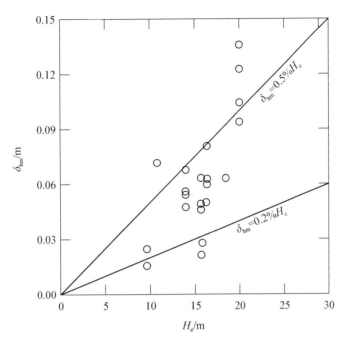

图 4-1 挡土壁最大水平位移量与开挖深度的关系(Ou 等,1993)

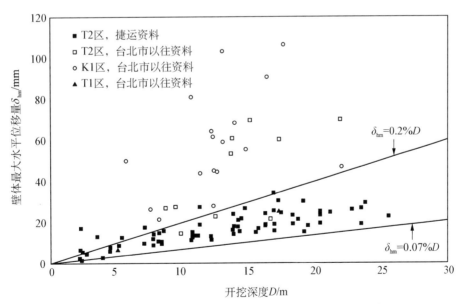

图 4-2 台北捷运挡土壁最大水平位移量与开挖深度的关系(吴沛轸,1997)

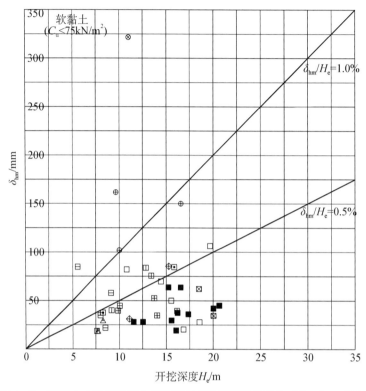

图 4‑3 软黏土中围护结构水平位移与开挖深度比值(Zhu Xiaming, 2007)

徐中华(2007)通过分析上海地区 315 个基坑工程资料,总结了上海地区支护结构与主体地下结构相结合的深基坑和其他顺作法基坑的围护结构侧移规律及变形规律。

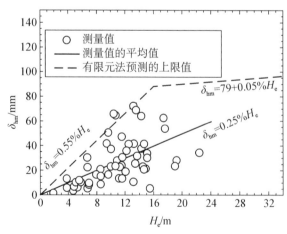

图 4‑4 围护结构最大水平位移与开挖深度之间的关系(徐中华,2007)

刘涛(2007)统计了 30 个工程 602 个测孔的历史最大累积变形,依据基坑开挖深度换算成变形比,对不同等级基坑的 δ_{hm}/H_e 进行了讨论。通过统计,在这 30 个工程中,δ_{hm}/H_e 均小于

7‰,随着基坑等级的提高,变形较小的基坑比例越大,一级基坑中 δ_{hm}/H_e 小于 1.4‰的占 41.88%,同样变形比例二级基坑中为 14.54%,而三级基坑只有 9.52%。这可能是由于等级 提高,对于基坑变形的控制标准逐渐提高,且施工中的重视程度也逐渐提高,等级高的基坑施 工的失误相对较少。

但实际工程中两者的线性关系是否成立仍需证明。分别对单一工程和多个工程的样本进 行统计。

1. 单一工程

工程案例一:工程概况参见第 2 章 2.4 节。该工程共有 14 个测斜监测孔,分析结果如图 4-5、 图 4-6 所示。

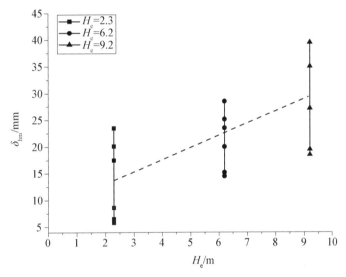

图 4-5 围护结构水平位移最大值与开挖深度相关分析

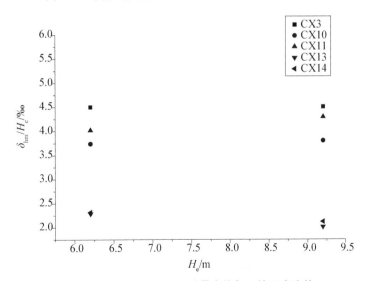

图 4-6 围护结构水平位移最大值与开挖深度比值

该工程基坑为长方形,为使分析结果具有代表性,选取的统计测点为位于基坑四面周边靠近中间位置的测点,即 CX3、CX10、CX11、CX13、CX14。基坑分 3 层开挖,开挖深度依次为 -2.3 m、-6.2 m、-9.2 m。图 4-5 反映了在 3 个开挖深度时,基坑四周围护结构的水平位移最大值。可以看出,对于同一测点,δ_{hm} 与 H_e 基本上也呈线性关系,但是测点所在位置影响了 δ_{hm}/H_e 的取值。在基坑开挖到 -6.2 m 时和开挖到坑底时各测点的 δ_{hm}/H_e 变化较小,5 个测点的值均分布在 2‰～4.5‰。

工程案例二:工程概况参见第 2 章 2.4 节。该工程共有 16 个测斜监测孔,分析结果如图 4-7、图 4-8 所示。

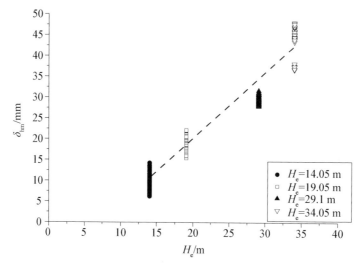

图 4-7　围护结构水平位移最大值与开挖深度相关分析

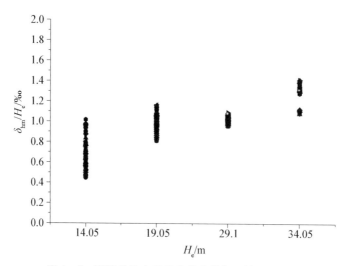

图 4-8　围护结构水平位移最大值与开挖深度比值

图中数据来自该工程施工期间 4 个中间工况,共 409 个监测数据。由图 4－7 可见,δ_{hm} 与 H_e 线性关系比较明显。

由图 4－8 可见,在整个开挖期间 $0.4‰ \leqslant \delta_{hm}/H_e \leqslant 1.4‰$。随着开挖深度的增加,$\delta_{hm}/H_e$ 有上下浮动,但没有影响总体发展规律。当 $H_e < 20$ m 时,基坑开挖初期(H_e 为 14.05 m、19.05 m)δ_{hm}/H_e 值变化范围较大。基坑开挖中后期(H_e 为 29.1 m、34.05 m)δ_{hm}/H_e 值分布比较集中,基坑底板施工时(H_e 为 34.05 m)由于施工工期较短,数据相对较少,部分 δ_{hm}/H_e 值与开挖中期相近。可见该工程中随着开挖深度的增加,δ_{hm}/H_e 的值域分布情况有所区别,受到基坑开挖深度、围护结构的插入比、支撑结构刚度等多因素的影响。

2. 工程综合数据

采用数据库中 300 多个实测数据(包括中间工况)进行综合分析,得到 δ_{hm} 与 H_e 的关系如图 4－9 所示。

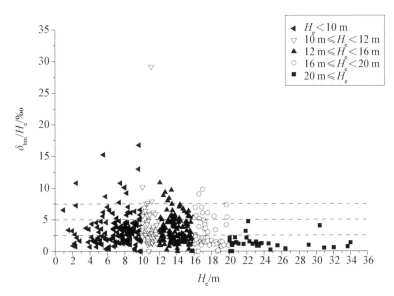

图 4－9 基坑围护结构 δ_{hm}/H_e

由图 4－9 可见,在基坑开挖中 δ_{hm}/H_e 基本上介于 $0\sim0.75\%$ 这样一个相对较小的变化范围内。数据具有一定的离散性,是因为这些测点属于不同的工程,而且工程位于世界范围内,涉及很多地区。在这么大的范围内,δ_{hm}/H_e 仍能分布在一个相对较窄的区间内,证明 δ_{hm} 与 H_e 基本符合线性关系,可以用 δ_{hm}/H_e 作为研究围护结构变形的基本参量。

其中,亦可显见一些因素对 δ_{hm}/H_e 的影响,如基坑开挖深度的影响,对于开挖深度小于 10 m 的基坑,δ_{hm}/H_e 大部分小于 0.5%;开挖深度大于 10 m 小于 16 m 的基坑,δ_{hm}/H_e 大部分小于 0.75%;开挖深度大于 20 m 的基坑,δ_{hm}/H_e 大部分小于 0.25%。总体来说 δ_{hm}/H_e 小于 0.25% 的基坑最多。此外在同一开挖深度范围内 δ_{hm}/H_e 仍有浮动,说明其还受到其他因素的影响,如支撑刚度、土层条件等,还需进一步分析。为便于分析,下文用 η 表示 δ_{hm}/H_e。

4.2.2 δ_{hm}/H_e 值概率统计分析的意义

深基坑围护结构变形的概率统计规律可应用于以下几个方面：

（1）根据 δ_{hm}/H_e 的概率分布的统计结果，当工程中提出对于可靠程度的要求（发生概率）后，可以给出对应的 δ_{hm}/H_e 的取值区间。反之，也可以对已知的 δ_{hm}/H_e 值的区间，判断其可靠度。其中，给出较合理的区间应该包括概率密度最大的 δ_{hm}/H_e，同时要在能满足条件的区间中，选择区间长度最小的区间。

（2）通过得到的累积概率分布函数曲线可以估计某基坑变形小于某值的发生概率，从而使对 δ_{hm}/H_e 估计的结果有更加清楚的、科学的认识，更加便于控制估计的结果带来的风险。

（3）对于正在进行的工程实测数据及时进行对比评价，以便判断工程的安全等级。监测得到工程实际变形数据，对比概率统计结果中的 δ_{hm}/H_e 概率密度函数曲线和累积概率分布函数，可以得到其以大量软土基坑为样本的空间中可能的概率密度和累积概率。

（4）最重要的是根据 δ_{hm}/H_e 的概率分布，结合风险接受准则，可确定不同等级风险对应的 δ_{hm}/H_e 值，即风险预警标准，对工程的安全状态进行分级预警。

受确定性安全判定方法的限制，目前深开挖工程预警研究中多是围绕 δ_{hm}/H_e 的值域区间，采用的是单级预警控制，且以一个固定的值作为 δ_{hm}/H_e 的预警值（可能是安全事件发生概率最大的值）。但是由上面的实际监测数据可见，客观情况是，当基坑为安全时，δ_{hm}/H_e 虽然相对集中，但也具有离散性。显然，对工程进行动态分级预警才能有的放矢，实现"经济"与"安全"平衡的目的。

4.2.3 δ_{hm}/H_e 值综合概率统计分析

根据现有规范对深基坑的定义，基坑开挖深度大于 10 m 的为深基坑，这在本书的数据库中共有 381 个。采用 Chi-Sq 方法（Γ^2 检验）检验，概率分析结果如图 4 - 10、图 4 - 11 所示，图中 δ_{hm}/H_e 的单位均为"‰"。

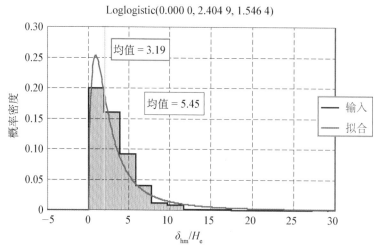

图 4 - 10　围护结构水平位移最大值与开挖深度比值 δ_{hm}/H_e 概率密度

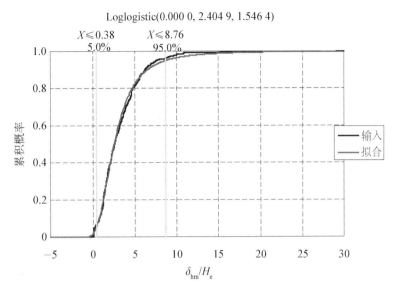

图 4-11 围护结构水平位移最大值与开挖深度比值 δ_{hm}/H_e 累积概率分布

由图 4-10、图 4-11 可见,围护结构水平位移最大值与开挖深度比值 δ_{hm}/H_e 的概率密度函数符合 Loglogistic 函数,该函数概率密度函数方程为

$$f(x) = \frac{\alpha t^{\alpha-1}}{\beta(1+t^\alpha)^2} \tag{4-1}$$

累积概率函数为

$$F(x) = \frac{1}{1+\left(\dfrac{1}{t}\right)^\alpha} \tag{4-2}$$

其中,$t \equiv \dfrac{x-\gamma}{\beta}$,$\mu = \beta\theta\csc\theta + \gamma$,$\alpha > 1$,$\theta = \dfrac{\pi}{\alpha}$,$\csc\theta = 1/\sin\theta$,方差 $\sigma^2 = \beta^2\theta(2\csc 2\theta - \theta\csc^2\theta)$,$\alpha$ 为位置参数,β 为比例参数,γ 为形状参数,$\beta > 0$,$\alpha > 0$。

通过上述概率统计分析,围护结构水平位移最大值与开挖深度比值 δ_{hm}/H_e 样本均值为 3.197‰,拟合函数的样本均值为 5.45‰,样本的区间为[0, 16.76‰]。函数的标准差为 3.84。

上述统计数据是在工程为安全的状态下得到的,描述的也是基坑安全时 δ_{hm}/H_e 应有的概率分布特征,即工程为安全状态下,δ_{hm}/H_e 为 1.24‰ 的概率密度最大,即 δ_{hm}/H_e 为 1.24‰ 的发生概率最大。

数据分析的结果方差较小,可见数据离散性不大,概率密度较高的区间比较符合常规对于 δ_{hm}/H_e 的认识,说明结果可信。

前面统计的 δ_{hm}/H_e 值概率分布特征对于基坑安全风险预警值的设计非常重要,但其统计样本基于软土地区基坑,没有考虑基坑类型、支护形式和开挖深度范围等影响因素,因此降低了输出结果的准确性和适用性。δ_{hm}/H_e 受到基坑系统多种因素的影响,要得到针对某一基坑较准确的δ_{hm}/H_e概率分布特征,还需考虑各因素对其影响,下面分别分析这些因素作用下δ_{hm}/H_e的概率分布特征。为方便研究,设概率密度最大处对应的δ_{hm}/H_e值为η_0,概率密度最大值为f_m。

4.2.4 工程开挖深度影响分析

《上海市基坑工程设计规程》(DBJ08－61－97)将基坑按照开挖深度分为三级,大于 10 m 的为一级基坑,小于 7 m 的为三级基坑,介于两者之间的为二级基坑。根据前面实测数据的统计就可见,基坑围护结构的δ_{hm}/H_e与基坑开挖深度有很大关系。按照开挖深度小于 7 m、7～10 m、10～16 m、16～20 m,以及 20 m 以上这几个深度范围内分别统计围护结构水平位移最大值的概率分布特征,见图 4－12。

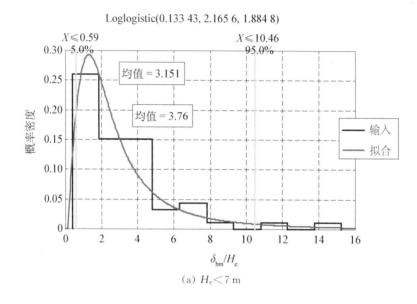

（a）H_e＜7 m

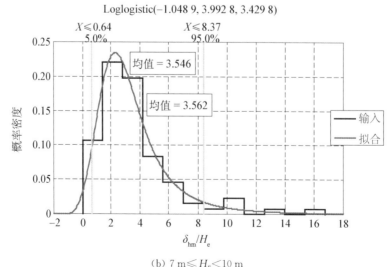

（b）7 m≤H_e＜10 m

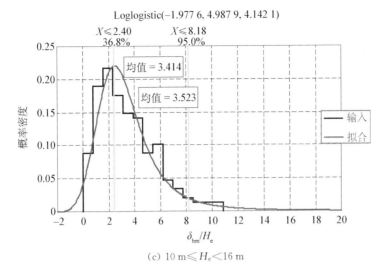

(c) 10 m≤H_e<16 m

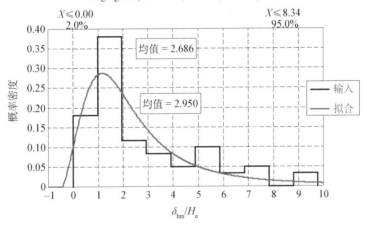

(d) 16 m≤H_e<20 m

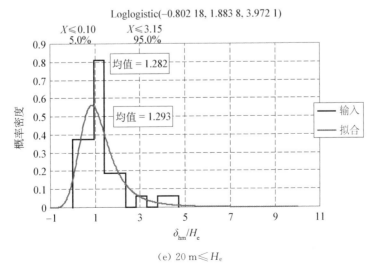

(e) 20 m≤H_e

图 4－12 概率统计分析结果对比

为方便对比,将上述统计结果列于表 4 – 1。

表 4 – 1　　　　　　　　不同开挖深度基坑 δ_{hm}/H_e 概率分布特征对比

概率分布特征	$H_e < 7$ m	7 m $\leqslant H_e$ < 10 m	10 m $\leqslant H_e$ < 16 m	16 m $\leqslant H_e$ < 20 m	20 m $\leqslant H_e$
样本数	62	191	94	62	34
β	2.166	3.993	4.988	2.424	1.884
α	1.885	3.43	4.142	2.287	3.972
μ	3.76	3.562	3.523	2.95	1.293
σ	2.698	2.995	3.01	5.521	1.106
η_0/‰	1.79	2.303	2.451	1.163	0.85
$p(\eta < \eta_0)$ 的概率/%	24	35.3	38	28	37

各区间分别统计和汇总分析中 η_0 值绘图对比如图 4 – 13 所示。

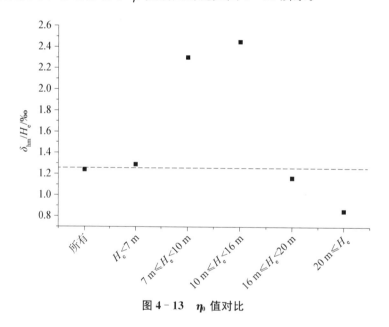

图 4 – 13　η_0 值对比

由上述统计结果可见,开挖深度区间中 η_0 值与汇总统计结果有所差别。汇总统计的 η_0 值为 1.24‰,分开统计的五个开挖深度区间中 η_0 的平均值为 1.611‰。在五个开挖深度的范围内,当基坑深度 $H_e \leqslant 16$ m 时,基坑开挖深度越大,η_0 越大;$H_e > 16$ m 后,随着基坑开挖深度增加,η_0 越小。

这种统计结果正是反映了实际工程中的情况。前者 $H_e \leqslant 16$ m 时随着基坑开挖深度越深,η_0 越大,与我们的常识相符。对于后者,因为目前 $H_e > 16$ m 时,在目前的工程中较为少见,其施工受到多方重视,必然从控制标准制定到施工安全控制均较严格,因此从实测数据上看其 η_0 越小,特别是对于 $H_e > 20$ m 的基坑更是如此。

可见采用客观的监测数据作为制定预警标准的基础一定程度上比单纯的用理论分析或数值计算更能够反映工程的实际情况,能够涵盖工程中多方面因素的影响。

需要说明的是,这里统计的是 δ_{hm} 与 H_e 的比值,而不是围护结构的绝对最大水平位移值 δ_{hm}。产生同样的水平位移值,开挖深度大的基坑,其 δ_{hm}/H_e 就小于开挖深度小的基坑。

4.2.5 地域性工程地质条件的影响分析

基坑工程的工程地质条件对于其变形也有影响,由于数据库中的数据信息有限,目前仅按照地区对其影响进行统计分析。数据库中包含了国际软土地区的样本,主要有上海地区样本 246 个,台湾地区样本 96 个,新加坡地区样本 39 个。一般来说,新加坡地区土层以粉质黏土、粉砂、砂质粉土为主,开挖面以上可见粉砂岩、泥岩等地层,灌注桩埋深范围可达基岩石灰岩(袁金荣,2007)。台湾软土地区土质以低塑性粉质黏土及无塑性砂质粉土为主(龚士良,2003)。上海地区主要是粉质黏土层、淤泥质粉质黏土、砂质粉土层。三者虽然同为软土地区,但土层分布顺序和土性参数有区别。

因此,本书按照基坑所在地域分别进行统计,见图 4-14—图 4-17。

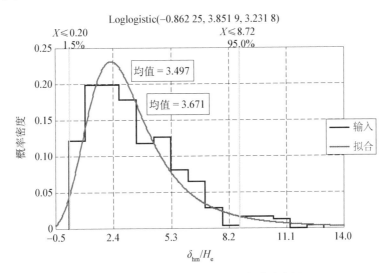

图 4-14 上海地区 δ_{hm}/H_e 概率统计分析

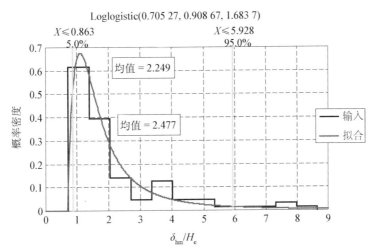

图 4-15 台湾地区 δ_{hm}/H_e 概率统计分析

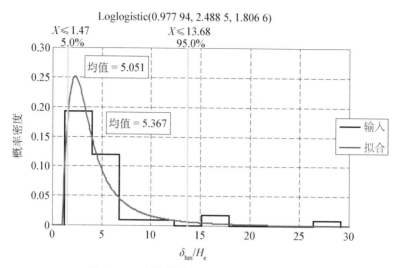

图 4-16 新加坡地区 δ_{hm}/H_e 概率统计分析

统计结果列于表 4-2。

表 4-2 不同地区基坑 δ_{hm}/H_e 概率分布特征对比

参数	β	α	μ	σ	$\eta_0/‰$	$p(\eta<\eta_0)$ 的概率 /%
上海	3.852	3.232	3.671	3.230	2.300	35
台北	0.909	1.684	2.477	1.698	1.109	22
新加坡	2.488	1.807	5.367	5.193	2.226	24

由上面统计结果可知,上海地区 η_0 值要大于台北和新加坡地区,上海和新加坡地区的值比较接近。这主要与各地区的土体和施工条件有关,且统计数据的多少不同,所以是部分说明地域性的差距,但可以得到上海地区的指标值。

4.2.6 支撑系统刚度影响分析

在分析前首先明确这些参数的定义。目前常采用的支撑系统刚度 K_1 的定义为(Clough等,1989):

$$K_1 = \frac{EI}{\gamma_w S_{avg}^4} \tag{4-3}$$

式中 EI——连续墙单位宽度的抗弯刚度;

γ_w——水的重度;

S_{avg}——平均支撑间距。

Clough 等通过统计大量基坑工程监测数据,得到系统刚度 K_1 与 δ_{hm}/H_e 的关系。Clough 的支撑系统刚度既能描述墙体的刚度,也能描述水平支撑的支护情况,因而能反映整个支撑系统对基坑变形的影响。但由于墙体变形不仅与支撑系统有关,而且与坑底土体的抗隆起能力有关,一般在分析围护结构的变形时,都把这两种因素同时考虑。Clough 提出了根据给定的支撑体系的系统刚度和坑底抗隆起稳定系数来预测墙体变形的方法,见图 4-17。

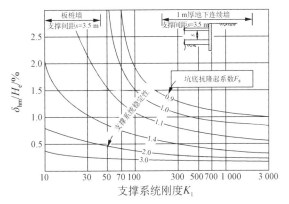

图 4-17 软黏土-中等黏土围护结构最大侧移(Clough 等,1990)

Pott 等(1993)曾经指出:实验数据和经验表明,在相同的工作条件下刚度较大的支护墙体将会产生较大的弯矩,刚度较小的支护墙体将会产生较大的土体变形。徐中华(2007)通过统计上海地区 315 个基坑工程,得到了不同支护结构形式系统刚度 K_1 与 δ_{hm}/H_e、围护结构最大水平位移位置的关系。他所收集的支护结构与主体地下结构相结合的基坑的支撑系统刚度介于 700~4 000 之间,认为总体而言随着支撑系统刚度的增大,围护结构的水平位移有减小的趋势。从图 4-17 中还可以看出,量纲为一化最大水平位移以 Clough 给出的安全系数 $F_S = 1.4$ 曲线为上限,以其给出的 $F_S = 3.0$ 的曲线为下限,并大致以其给出的 $F_S = 2.0$ 曲线为平均值,可以根据支撑系统的刚度来预测支护结构与主体地下结构相结合的深基坑变形的上下限及平均值。

本文结合前述数据,分析 δ_{hm}/H_e 与 K_1 的关系,见图 4-18。图中数据来自徐中华建立的上海地区基坑工程数据库中有支撑系统刚度数据的 96 个基坑。

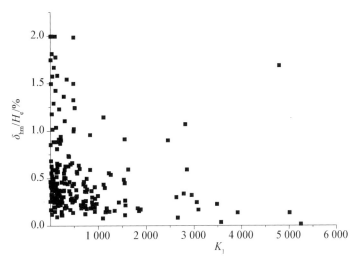

图 4-18 δ_{hm}/H_e 与 K_1 相关性统计

Zhu Xiaming 对于国际范围内 93 个软土基坑的统计数据和现有的两个工程的实测数据，以及软土基坑中支撑系统刚度的频数分布情况进行了统计分析，见图 4‑19。

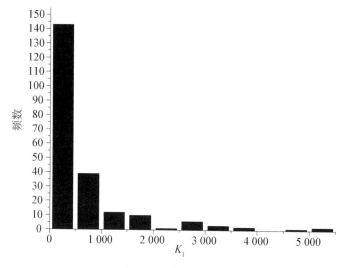

图 4‑19 支撑系统刚度频数(Count)分析

在统计资料中，支撑系统刚度主要分布在小于 2 000 的范围内。支撑系统刚度小于 500 的基坑为 143 个，占全部 219 个样本的 65%；支撑系统刚度在 500~1 000 的基坑为 39 个，占 17.8%；支撑系统刚度在 1 000~2 000 的为 21 个，占 9%。

δ_{hm}/H_e 与 K_1 进行相关性分析，两参数相关系数为 $-0.169\ 51$，相关性不高。但对图 4‑18 的统计数据进行二维频率分析可见(图 4‑20)，当在 K_1 的每个组内分析 δ_{hm}/H_e 的分布时，

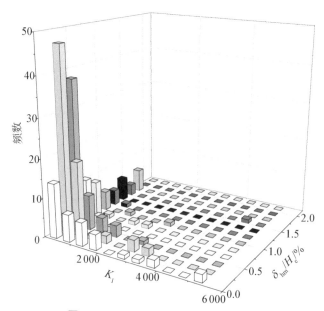

图 4‑20 δ_{hm}/H_e 与 K_1 二维频数分析

会出现某组频数明显高于其他组的情况。如当 K_1 小于 500 时，δ_{hm}/H_e 在 $[1.67‰, 3.34‰]$ 区间的组内频数明显比其他组超出很多。在 K_1 小于 1 000 以内这一现象非常显著，而在随后的 K_1 组内这一现象也比较明显，但频数最高的 δ_{hm}/H_e 组均出现在区间 $[0, 5‰]$ 内。这一现象说明刚度增加的情况对于 δ_{hm}/H_e 的取值还是有一定影响的，尽管影响不大。

因此将 K_1 按照不同的组分别进行统计，以进一步深入分析不同支撑系统刚度阶段 δ_{hm}/H_e 与 K_1 的关系。

$K_1 \leqslant 500$ 时的 δ_{hm}/H_e 概率密度分布见图 4 - 21。

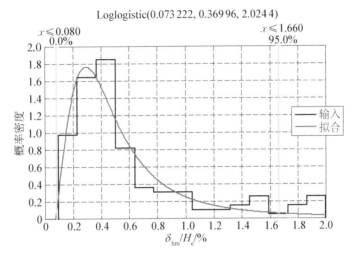

图 4 - 21　$K_1 \leqslant 500$ 时的 δ_{hm}/H_e 概率密度分布

$500 < K_1 \leqslant 1\,000$ 时的 δ_{hm}/H_e 概率密度分布见图 4 - 22。

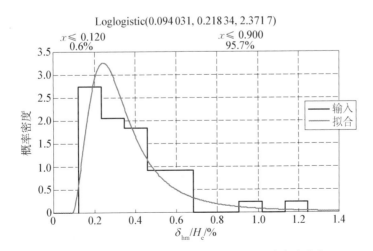

图 4 - 22　$500 < K_1 \leqslant 1\,000$ 时的 δ_{hm}/H_e 概率密度分布

$1\,000 < K_1 \leqslant 2\,000$ 时的 δ_{hm}/H_e 概率密度分布见图 4 - 23。

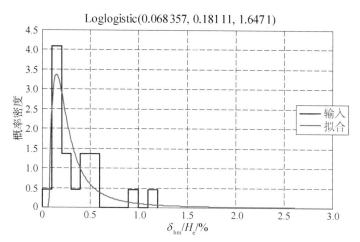

图 4-23　1 000＜K_1≤2 000 时的 δ_{hm}/H_e 概率密度分布

$K_1 >$ 2 000 时的 δ_{hm}/H_e 概率密度分布见图 4-24。

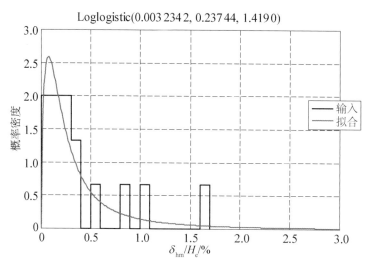

图 4-24　$K_1 >$ 2 000 时的 δ_{hm}/H_e 概率密度分布

上面的分析得到了 K_1 在四个区间时 δ_{hm}/H_e 的概率密度函数分布,其形态基本符合 Loglogistic 函数。前文已给出了这个函数的标准概率密度曲线形式以及参数的意义,请参见 4.2.2 节。现将统计结果列表分析,见表 4-3。

表 4-3　　　　　　　　　　　　　　δ_{hm}/H_e 概率分布特征

参数	K_1≤500	500＜K_1≤1 000	1 000＜K_1≤2 000	$K_1 >$ 2 000
η_0/‰	2.90	2.43	1.45	0.72

由图 4-25 可见,η_0 随着 K_1 的增加逐渐减小。支撑系统刚度越大,对于围护结构变形的约束能力越大,因此在基坑处于稳定状态时,围护结构的变形相对较小。支撑系统刚度对于

δ_{hm}/H_e 的影响体现在 η_0 值上,当 $K_1 > 2\,000$ 时,η_0 值约为 $K_1 \leqslant 500$ 时的 25%。

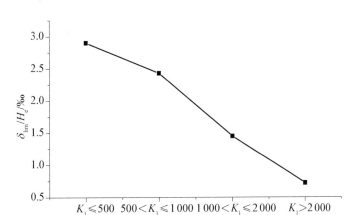

图 4 - 25 支撑系统刚度与概率密度最大的 δ_{hm}/H_e 值

4.2.7 现行规范中基坑安全标准对比分析

现有的国家和一些地区基坑规范(程)中,给出了基坑等级和围护结构水平位移最大值的监控值。通过前面对围护结构水平位移最大值的概率分布特征的统计,可以了解这些规范中给出的监控值在统计样本中的发生概率,有助于分析其合理性。

上海市《基坑工程设计规程》(DBJ08 - 61 - 97)中,对于主要针对基坑本身安全的监测预警,上海市标准为 δ_{hm}/H_e 达到 $0.6\% \sim 1.2\%$。《上海地铁深基坑工程施工规程》(SZ - 08 - 2000)和上海市《地基基础设计规范》(DGJ08 - 11 - 1999)均根据上海软土深基坑工程经验,提出了考虑环境保护要求三个级别的基坑变形控制保护标准,两个规范中提出的标准基本相同,规定从一级基坑至三级基坑,δ_{hm}/H_e 分别为 1.4%、3%、7%。将标准中的规定与综合统计和上海地区统计结果分别进行比较,列于表 4 - 4。

表 4 - 4   规范中 δ_{hm}/H_e 标准的统计特性

统计特征		基坑等级		
		一级	二级	三级
		$\delta_{hm}/H_e = 1.4\%$	$\delta_{hm}/H_e = 3\%$	$\delta_{hm}/H_e = 7\%$
概率密度	综合统计	$0.95 f_m$ ($\delta_{hm}/H_e < \eta_0$)	$0.75 f_m$	$0.11 f_m$
	上海地区	$0.8 f_m$ ($\delta_{hm}/H_e < \eta_0$)	$0.9 f_m$	$0.15 f_m$

表中,f_m 为指定统计值的概率密度最大值。综合统计的样本中 η_0 为 1.24%,上海地区的统计样本中 η_0 为 2.28%。由表 4 - 4 可见,对于一级基坑,预警值的设计均小于 η_0,这就说明现行一级基坑的预警标准偏于保守,从经济角度看,存在一定的浪费,特别是对于上海地区来说预警值为 $0.8 f_m$ 对应的 δ_{hm}/H_e。对于二级基坑,对上海地区基坑工程来说,现行预警标准

对于二级基坑的要求比较严格,采用预警值相当于 $0.9f_m$ 的 δ_{hm}/H_e。对于三级基坑的现行预警值,在对比两种统计结果时,其概率密度与 f_m 的比值接近,两者相差不多。反之,也可说明风险预警标准在不考虑地区影响时与现行的预警标准比较相符。

本节的统计结果作为预警标准的设计依据时,仅考虑了基坑自身安全,但"规程"中预警标准还需考虑周围环境的影响。后续章节中将分析周围环境安全风险对基坑安全风险预警值的影响。

4.3 围护结构最大水平位移深度位置概率分布特征

4.3.1 围护结构最大水平位移深度位置与开挖深度相关性分析

吴沛轮等(1997)对台北捷运与以往之观测结果比较整理得知,最大水平位移所在深度多分布在(0.8~1.2)H_e,如图 4-26 所示。

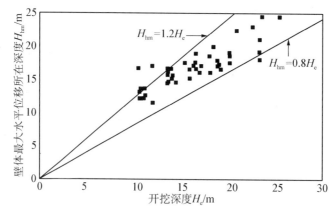

图 4-26 台北捷运挡土壁最大水平位移所在深度与开挖深度的关系

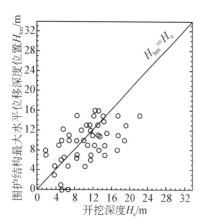

图 4-27 墙体最大水平位移的深度位置与开挖深度之间的关系

徐中华(2007)统计的上海方形基坑最大水平位移所处的深度位置与开挖深度之间的关系如图 4-27 所示,他认为最大水平位移位于开挖面附近,且随着开挖深度的增大,最大水平位移的深度位置有位于开挖面以上的趋势。

新加坡 Zhu Xiaming(2007)分别统计了软黏土($C_u < 75 \text{ kN/m}^2$)中 36 个基坑案例,按照基坑支护形式不同进行分析,得到采用多支撑支护体系的基坑,$0.5H_e \leqslant H_{hm} \leqslant H_e$ 的约占 0.3%,$H_{hm} > H_e$ 的占 0.57%,$H_{hm} > 0.5H_e$ 的占 0.09%。在采用临时支撑的基坑中,$0.5H_e \leqslant H_{hm} \leqslant H_e$ 的约占 0.55%,$H_{hm} > H_e$ 的占 0.11%,$H_{hm} > 0.5H_e$ 的占 0.22%,有一例最大值位于墙顶。在采用桩锚

支撑的基坑中,$0.5H_e \leqslant H_{hm} \leqslant H_e$ 的约占 0.5%。

分别对单一工程和多个工程的样本统计围护结构最大水平位移深度位置 H_{hm} 与开挖深度 H_e 的关系。

1. 单一工程

工程实例一:工程概况参见第 2 章 2.4 节,统计结果如图 4-28 所示,由图可见,数据具有一定离散性,但总体上仍在一定范围内变化,$0.38 \leqslant H_{hm}/H_e \leqslant 1.72$。这主要与该工程采用了混凝土内支撑,围护结构变形受到影响有关。在基坑施工过程中,围护结构水平位移曲线始终存在两个峰值,一个位于第一道支撑和地表之间,一个位于第二道支撑与坑底之间。随着基坑开挖深度增加,第一个峰值位置基本不变,第二个峰值的位置随着挖深增加逐渐移向开挖面附近。水平位移最大处在基坑开挖期间始终在上部第一个峰值处,当 12 月 20 日后,开挖到底板后的底板施作和支撑拆除阶段,靠近坑底部点位移速度大于坑上部点位移速度,第二个峰值点位移超过了第一个峰值点位移,如图 4-29 所示。

工程案例二:工程概况参见第 2 章 2.4 节。该工程共有 16 个测斜监测孔,分析结果如图 4-30 所示。由图可见,该工程中虽然也将内结构楼板作为横向支撑系统,但 H_{hm} 与 H_e 基本符合线性关系。由于该工程为圆形基坑,按照理想状态,沿圆周近似均匀布置的 16 个测点的变形情况应该相同或比较相似,但因实际工程中各测点工程地质条件或施工情况的差异等因素,同一开挖深度时 16 个测点的 H_{hm} 有一定的离散度。同时可见在同一开挖深度上,H_{hm} 的离散度比较接近。通过上述分析,进一步对 H_{hm}/H_e 的值进行分析,得到结果见图 4-31。

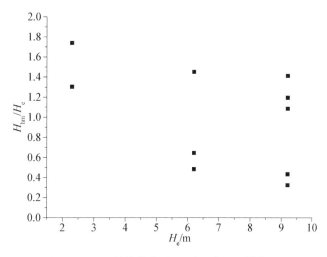

图 4-28 围护结构变形 H_{hm}/H_e 与 H_e 的关系

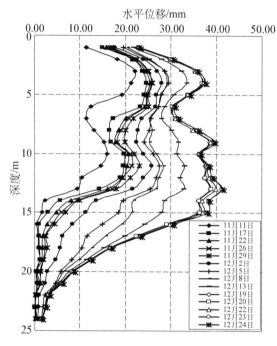

图 4－29　围护结构水平位移实测曲线

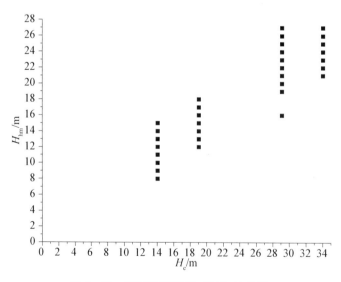

图 4－30　地下连续墙 H_{hm} 与 H_e 的关系

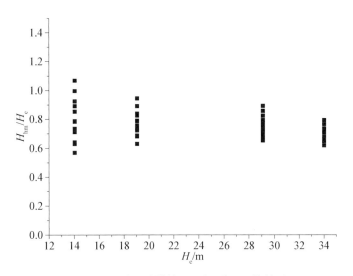

图 4-31　地下连续墙 H_{hm}/H_e 与 H_e 的关系

由图 4-31 可见,在该工程施工过程中,地下连续墙水平位移最大值的发生位置基本与开挖深度成正比,$0.64 \leqslant H_{hm}/H_e \leqslant 1.07$。在基坑开挖初期,开挖深度为 14.05 m(0.4 倍基坑最终开挖深度)时,H_{hm}/H_e 离散度较大,$0.56 \leqslant H_{hm}/H_e \leqslant 1.09$,施工后期离散度逐渐减小,开挖到坑底时,$0.62 \leqslant H_{hm}/H_e \leqslant 0.8$。

2. 工程综合统计

通过对上述两个单一工程的详细分析后初步认为,对于采用了横向支撑体系的工程,H_{hm} 与 H_e 基本呈线性关系,为进一步确认,本书对搜集的近 290 个工程进行综合分析,得到 H_{hm} 与 H_e 的关系见图 4-32、图 4-33。

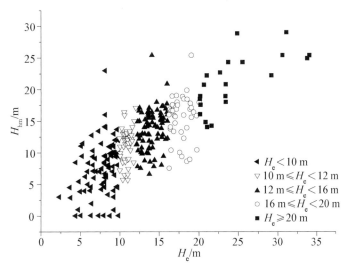

图 4-32　围护结构 H_{hm} 与 H_e 的关系

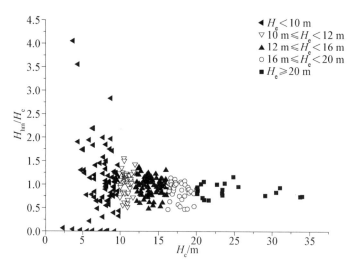

图 4 - 33　围护结构 H_{hm}/H_e 与 H_e 的关系

由图 4 - 32 可见，H_{hm}/H_e 比分析单一基坑不同开挖深度时，更加明显呈线性关系。由图 4 - 33 可见，H_{hm}/H_e 基本介于 0.5～1.5 之间，特别是开挖深度大于 10 m 后样本中所有 H_{hm}/H_e 均在这一区间内。可见采用与 H_e 的比例关系来描述 H_{hm} 的大小是比较合理的。为便于分析，下文中用 ξ 表示 H_{hm}/H_e。

4.3.2　H_{hm}/H_e 综合概率统计分析

为确定基坑开挖导致的围护结构变形的模式，还需对风险预警的辅助指标围护结构最大水平位移深度位置 H_{hm} 进行同样的概率统计分析，这样就可通过这两个量的分布特征研究围护结构可能变形状态，进而分析其围护结构后土体的地表沉降。样本库共有 290 个样本，分析结果如下，见图 4 - 34、图 4 - 35。

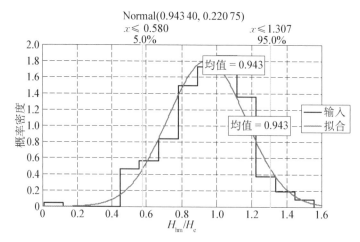

图 4 - 34　最大水平位移深度位置与开挖深度比值 H_{hm}/H_e 概率密度分布

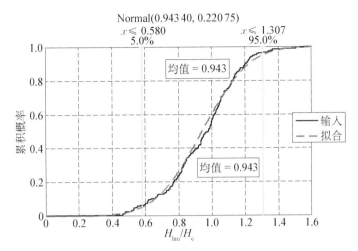

图 4 - 35 最大水平位移深度位置与开挖深度比值 H_{hm}/H_e 累积概率分布

由图 4 - 34、图 4 - 35 可见,采用 Chi-Sq 方法(Γ^2 检验)检验,H_{hm}/H_e 的概率密度函数比较符合常用的 Normal 分布函数,其概率密度函数如下:

$$f(x) = \frac{1}{\sqrt{2\pi}\sigma} e^{-\frac{(x-\mu)^2}{2\sigma^2}}, \ -\infty < x < \infty \tag{4-4}$$

$f(x)$ 为概率密度函数,其中 μ 为均值,$\sigma(\sigma > 0)$ 为标准差。

累积概率函数为

$$F(x) = \frac{1}{\sqrt{2\pi}\sigma} \int_{-\infty}^{x} e^{-\frac{(t-\mu)^2}{2\sigma^2}} \cdot dt \tag{4-5}$$

由图 4 - 34 和图 4 - 35 可见,概率密度较大的区间为[0.8,1.2],约有 95% 的样本分布在区间[0.58,1.307]。样本的均值为 0.943,拟合函数的样本均值相同。通过统计分析得到采用正态分布函数拟合 H_{hm}/H_e 的概率分布的标准差为 0.22。

得到 H_{hm}/H_e 的概率密度函数可与之前分析的 δ_{hm}/H_e 的概率密度函数相结合,在基坑开挖深度确定后可大概得到围护结构的变形形态的可能分布结果。

4.3.3 工程开挖深度影响分析

对于 H_{hm}/H_e 也按照开挖深度细化为小于 7 m、7～10 m、10～16 m、16～20 m,以及 20 m 以上五个部分,分别进行概率统计分析,见图 4 - 36。

通过对不同开挖深度范围的 H_{hm}/H_e 概率密度的统计,得到 H_{hm}/H_e 的分布仍然比较符合正态分布函数,其均值和方差见图 4 - 37。

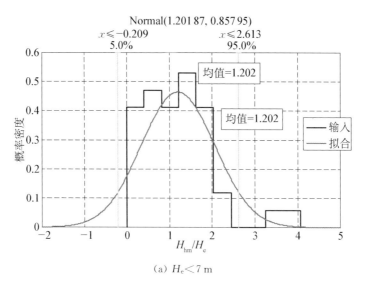

(a) $H_e < 7$ m

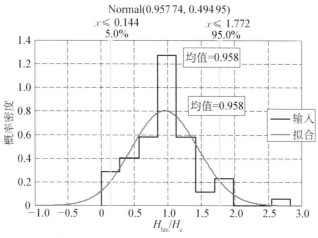

(b) 7 m $\leqslant H_e < 10$ m

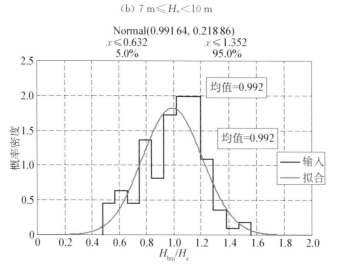

(c) 10 m $\leqslant H_e < 16$ m

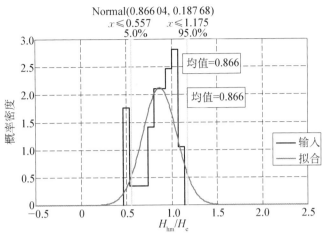

(d) 16 m≤H_e<20 m

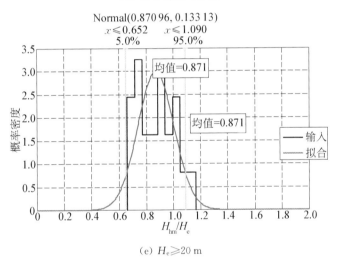

(e) H_e≥20 m

图 4-36 开挖深度范围对 H_{hm}/H_e 概率密度分布的影响

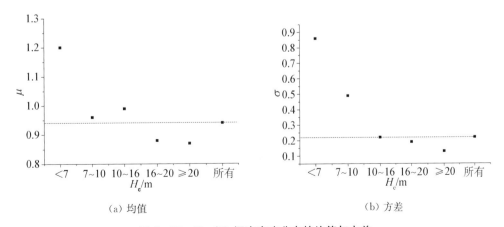

(a) 均值   (b) 方差

图 4-37 H_{hm}/H_e 概率密度分布的均值与方差

由图 4 - 37 可见,H_{hm}/H_e 的 μ 和 σ 随着基坑开挖深度的增加而逐渐减小,但是变化范围较小,基本上将所有数据汇总综合分析时得到的 μ 和 σ 为五个开挖深度范围中 μ 和 σ 的平均值。$H_e<7$ m 的基坑的 H_{hm}/H_e,其均值和方差与其他四个深度范围的基坑相差较远,说明深基坑与浅基坑围护结构水平位移最大值的深度位置有较大区别,当基坑开挖深度大于 10 m 后,围护结构水平位移最大值的深度位置与开挖深度的比值基本上相差不大,即深开挖工程开挖深度范围对 H_{hm}/H_e 的影响有限。

4.3.4 地域性工程地质条件的影响分析

上述统计中上海地区样本数最多共 211 个,台湾地区样本共 47 个,新加坡地区样本 32 个。按照基坑的地域将其 H_{hm}/H_e 分别统计,结果见图 4 - 38。

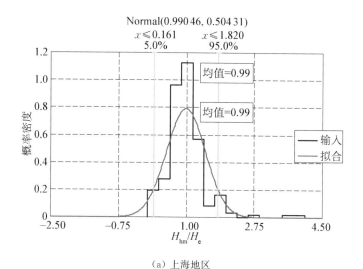

（a）上海地区

（b）新加坡地区

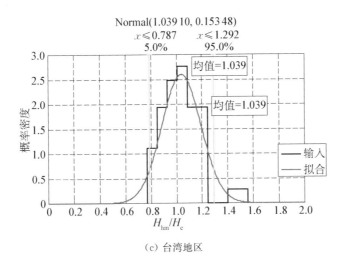

(c) 台湾地区

图 4-38 地域对 H_{hm}/H_e 概率密度分布的影响

其概率特征值对比如表 4-5 所示。

表 4-5 不同地区基坑 H_{hm}/H_e 概率分布特征对比

特征参数	μ	σ	分布函数
上海	0.99	0.50	Normal
台北	1.04	0.15	Normal
新加坡	0.87	0.18	Normal

由上面统计结果可知,上海地区最有可能发生的 H_{hm}/H_e 值位于台北和新加坡地区之间,但是相差不大,围护结构水平位移最大值均发生在开挖面附近。这与各地区的土体和施工条件有关。

4.4 深开挖工程风险预警标准

4.4.1 "绿场"下风险预警标准设计方法

1. 风险评价方法

深开挖工程安全风险等级标准指同一工程中,当工程处于不同风险等级时,对应的风险预警指标的值。因此,这就需要明确风险预警指标的不同值域空间对应的风险等级。在"绿场"下,需要评价的主要是工程本体结构施工安全的风险。

根据对工程风险的定义,风险是风险概率和风险损失的函数。确定风险等级首先需要确定风险概率的等级和风险损失的等级。

同济大学应建设部委托编制的《地铁及地下工程建设风险管理指南》(2007)(以下简称《风险管理指南》)中叙述了确定地下工程风险的方法。该指南中采用风险矩阵法对风险作出计算。风险评价矩阵在目前的风险评估中得到了广泛应用。深开挖工程安全风险等级标准也是基于采用风险分析矩阵评价方法(表 4-6)确定风险等级,但计算风险概率等级如何进行还有待讨论。

表 4-6   深开挖工程安全风险评价矩阵

风险		事故损失				
		1. 可忽略的	2. 需考虑的	3. 严重的	4. 非常严重的	5. 灾难性的
发生概率	一级	1A	2A	3A	4A	5A
	二级	1B	2B	3B	4B	5B
	三级	1C	2C	3C	4C	5C
	四级	1D	2D	3D	4D	5D
	五级	1E	2E	3E	4E	5E

2. 深开挖工程安全风险特征

目前统计的预警指标的概率分布特征是工程处于安全时,而《风险管理指南》确定风险概率等级时是根据工程发生事故时的概率,两者不同,这就需要提供一种新的方法,能够通过安全事件概率,确定风险事件的概率。

深开挖工程安全风险具有如下的特征:

(1) 在本书的研究中,基坑风险事故是指将基坑破坏作为一个整体性风险事故,其损失为一个事故的损失。因为基坑风险预警的目的是对基坑的风险事故进行管控,当事故发生时所造成的资金损失有两方面:一为破坏导致的直接经济损失和人员、工期等损失,用 C_d 表示;二为修缮所需费用,或者说保持基坑安全所需费用,用 C_p 表示。衡量损失大小应将两者叠加。在本书研究的情况中,风险概率等级划分时考虑的均是同一基坑的整体事故,因此可认为各风险概率等级对应的风险事故的 C_d 均相同,但是各风险概率等级对应的风险事故的 C_p 却不同。

基坑风险预警指标值较小时,如果要控制基坑险情进一步发展,维护基坑安全需要投入的资金较少;基坑风险预警指标值较大时,如果要控制基坑险情进一步发展,维护基坑安全需要投入的资金较多。

因此可假设对应 A 级到 E 级风险概率等级的风险事故所造成的修缮费用 C_p 也是五级,从一级到五级。这样就符合风险矩阵的 1A、2B、3C、4D、5E 组合,对应的风险等级为一级至五级。由此可见在本书介绍的深开挖工程风险预警体系中,风险概率等级与基坑安全风险等级是一一对应的关系。

(2) 根据前面统计的结果,围护结构水平位移最大值和其深度位置统计样本的分布均符合正态分布和 Loglogistic 分布,因此围护结构水平位移最大值和其深度位置符合如下几点:

① 预警指标与概率密度曲线峰值点相对应的基坑,即 $\delta_{hm}/H_e = \eta_0$,由概率密度的含义可知,满足这一状态的基坑是在所统计的安全基坑样本中概率密度最大,发生概率也最大的情况,当同时考虑安全与风险因素,该情况下工程安全性较高,经济投入也合适,风险最低。

② 预警指标大于概率密度曲线峰值点时,即 $\delta_{hm}/H_e > \eta_0$ 时,随着 δ_{hm}/H_e 越来越偏离 η_0,工程中出现该值的概率密度和概率均越来越小,说明这样的情况在所统计的安全工程样本中所占比例较小。因而可以说,随 δ_{hm}/H_e 概率密度的减小,工程安全性将越来越低,风险越来越高。当 $\delta_{hm}/H_e \gg \eta_0$ 时,其概率密度接近为零,可以认为这样的基坑安全性极小,风险极大。

③ 当工程的预警指标 $\delta_{hm}/H_e < \eta_0$ 时,随着 δ_{hm}/H_e 越来越偏离 η_0,与 $\delta_{hm}/H_e > \eta_0$ 时同理,工程中出现该值的概率密度和概率均越来越小。但随 δ_{hm}/H_e 概率密度的减小,工程安全性将越来越高,但经济性将越来越差,风险同样越来越高。这是因为,如果为了控制围护结构的变形需要投入支护设施,将相应地产生费用。实际工程中,都是尽可能少地采取支护措施,允许它产生一定的位移,但不让它产生过大的位移,只要它能满足施工期间基坑的稳定性要求即可,这样做经济合理。因此可以这样认为,如果 $\delta_{hm}/H_e < \eta_0$,则围护结构设计施工时,一定是投入了多余的措施和成本,那么工程就出现了经济风险。因此,在制定安全风险预警指标时,仅考虑 $\delta_{hm}/H_e \geqslant \eta_0$ 的情况。

确定深开挖工程安全风险等级标准的基本依据是:预警指标值的意义是指如果监测值超过该值则认为此时基坑系统失效。一级至五级风险等级均有各自的预警指标值,依据是预警指标值对应的事故发生概率,即当监测值达到风险一级的预警指标值时,就认为工程安全风险为一级。

风险本应包括损失和概率两方面,但根据风险评价矩阵,在只考虑工程本体结构的安全风险时,风险的等级与风险事故发生概率等级产生了一一对应的关系,可以由风险事故发生概率等级确定,所以工程安全等级对应的预警指标值可以由预警指标值与风险事故发生概率等级的关系来确定。

3. 风险概率等级确定方法

本书采用了三种可能的方法,确定风险事故发生概率的等级标准,通过对比,选择最优方法确定本研究中的风险事故发生概率的等级标准。

1) 根据概率密度曲线确定风险事故发生概率等级

如前文分析所述,统计值的概率密度越大,表示在该值附近统计值的发生概率越大。概率密度最大处风险最小,概率密度最小处风险最大。根据这个思想有以下两种分级方法。

方案一:将统计样本的概率密度最大值由大到小均分为五级,每一级与概率密度曲线的交点对应的统计值就为该等级的限值。下面以 δ_{hm}/H_e 综合分析的统计结果为例,进行安全风险等级划分,见表 4-7。该统计结果中,标准差 σ 为 3.84,概率密度最大的 δ_{hm}/H_e 为 1.24‰。

表 4-7　　　　　　　　　　　　基坑安全风险各等级的 δ_{hm}/H_e 预警值

风险等级	一级	二级	三级	四级	五级
概率密度	$< f_m$	$f_m \sim 0.75 f_m$	$0.75 f_m \sim 0.5 f_m$	$0.5 f_m \sim 0.25 f_m$	$0.25 f_m$
δ_{hm}/H_e/‰	$\leqslant 1.24$	$1.24 < \eta \leqslant 2.79$	$2.79 < \eta \leqslant 4.12$	$4.12 < \eta \leqslant 6.01$	> 6.01
$1 - P(\delta_{hm}/H_e)$	69%	69%~45%	45%~25%	25%~12%	12%

注:P 为事故发生概率。

方案二：参考可靠度理论中可靠度指标概念，按照 δ_{hm}/H_e 与 η_0 的差值确定风险等级。设

$$\alpha\sigma = \delta_{hm}/H_e - \eta_0 \qquad (4-6)$$

这里的 α 设为风险系数，σ 为统计样本的方差。α 与可靠度中的可靠度指标 β 相似。均认为当 $\delta_{hm}/H_e \leqslant \eta_0$ 时，基坑的安全风险最小。不同的是：在 $\delta_{hm}/H_e > \eta_0$ 的范围内，α 越大，δ_{hm}/H_e 距 η_0 越远，δ_{hm}/H_e 为该值的概率密度相对较小，当工程实测值大于 δ_{hm}/H_e 时，基坑为安全的样本数相对较少，基坑安全度越小，风险等级越高；α 越小，δ_{hm}/H_e 距 η_0 越近，δ_{hm}/H_e 为该值的概率密度相对较大，当工程实测值小于 δ_{hm}/H_e 时，基坑为安全的样本数相对较多，基坑安全度越大，风险等级越低。按照 α 的大小确定基坑的风险等级。

参考《混凝土结构可靠度设计规范》中，认为结构为安全时可靠度指标 β 一般为 1～2，即在一般的工程中，对于所有功能函数可能的计算结果进行统计，混凝土结构为安全时，概率密度最大值处的功能函数之值为 $(1～2)\sigma$。再根据《风险管理指南》风险接受准则中对于各风险接受准则和控制措施的规定，本书确定了各风险等级的 α 值，见表 4-8。

表 4-8　　　　　　　　　　　　基坑安全风险等级的 α 取值标准

风险等级	一级	二级	三级	四级	五级
α	0	0～1	1～2	2～3	>3

参照表 4-8 的标准，以 δ_{hm}/H_e 综合分析的统计结果为例，得到如表 4-9 所示基坑各等级对应的预警值，进行安全风险等级划分。该统计结果中，标准差 σ 为 3.84，概率密度最大的 δ_{hm}/H_e 为 1.24‰。设概率密度最大值为 f_m。

表 4-9　　　　　　　　　　基坑安全风险各等级的 δ_{hm}/H_e 预警值

风险等级	一级	二级	三级	四级	五级
$\alpha\sigma$	0	0～3.84	3.84～2×3.84	2×3.84～3×3.84	>3×3.84
$1-P(\delta_{hm}/H_e)$	69%	69%～17%	17%～5%	5%～2%	>2%
概率密度	f_m	f_m～0.68f_m	0.68f_m～0.36f_m	0.36f_m～0.09f_m	0.09f_m
δ_{hm}/H_e/‰	≤1.24	1.24<η≤5.08	5.08<η≤8.92	8.92<η≤12.76	>12.76

2）根据事件的发生概率确定风险概率等级

方案三：本书参考了建设部制定的《隧道及地下工程风险管理指南》对风险概率等级标准中各等级事故描述与区间概率的对应关系（表 4-10），结合基坑工程自身特点，得到本研究中深基坑工程 δ_{hm}/H_e 的概率等级标准（表 4-11）。

表 4-10　　　　　　　　　　　　　风险概率等级标准

等级	一级	二级	三级	四级	五级
事故描述	不可能	很少发生	偶尔发生	可能发生	频繁
区间概率	$P<0.01\%$	$0.01\%\leqslant P<0.1\%$	$0.1\%\leqslant P<1\%$	$1\%\leqslant P<10\%$	$P\geqslant10\%$

注：P 为事故发生概率。

表 4-11   由 δ_{hm}/H_e 确定的概率等级标准

等级	一级	二级	三级	四级	五级
事件描述	频繁	可能发生	偶尔发生	很少发生	不可能
事件发生概率 P	$P \geqslant 50\%$	$5\% \leqslant P < 50\%$	$0.5\% \leqslant P < 5\%$	$0.05\% \leqslant P < 0.5\%$	$P < 0.05\%$

注:P 为事件发生概率。

例如:根据 δ_{hm}/H_e 的累计概率曲线(图 4-11),当基坑为安全时,$\delta_{hm}/H_e \leqslant 8.817‰$ 的发生概率 P 为 95%,它的补集

$$\overline{P} = (1 - P) = 5\%$$

也就是说在正常安全的情况下,$\delta_{hm}/H_e > 8.817‰$ 的发生概率为 5%,为可能发生事件,那么就是说当 $\delta_{hm}/H_e > 8.817‰$ 时很可能基坑是不安全的。

同理,根据图 4-11,当基坑为安全时,$\delta_{hm}/H_e \leqslant 2.57‰$ 的发生概率 P 为 50%,$\delta_{hm}/H_e > 2.57‰$ 的发生概率为 50%,发生概率为一级,为频繁发生事件,也就是说此时基坑为安全的情况比较频繁。采用该方法,以 δ_{hm}/H_e 统计结果为例,得到各安全风险概率等级对应的 δ_{hm}/H_e。

表 4-12   基坑安全风险各等级的 δ_{hm}/H_e 预警值

风险等级	一级	二级	三级	四级	五级
$1-P(\delta_{hm}/H_e)$	$>50\%$	$5\%\sim50\%$	$0.5\%\sim5\%$	$0.05\%\sim0.5\%$	$<0.05\%$
概率密度	$f_m \sim 0.87 f_m$	$0.87 f_m \sim 0.07 f_m$	$0.07 f_m \sim 0.007 f_m$	$0.007 f_m \sim 0.0008 f_m$	$0.0008 f_m \sim 0$
$\delta_{hm}/H_e/‰$	<2.57	$2.57\sim8.817$	$8.817\sim12.97$	$12.97\sim16.76$	>16.76

3) 本研究风险概率等级确定

下面以上海地区的工程案例一为例分析比较上述三种方法。工程案例一中,基坑周围地表出现裂缝位置附近的围护结构监测点水平位移一直较大,基坑刚开挖至 -2.3 m 时,该处几个测点的 δ_{hm}/H_e 就达到了 $6.43‰\sim10.57‰$,而其他安全位置的测点仅为 $3‰\sim4‰$。基坑开挖的主要施工期,基坑在发生险情期间,基坑开挖至坑底 -9.2 m 时,出现险情部位的 δ_{hm}/H_e 值最大为 $4.5‰$,其他安全位置测点为 $2‰\sim3‰$。由此可见,出现险情的测点可能在开挖初期位移就一直较大,而到开挖中后期,由于变形的调整等其他原因,可能与其他测点的差距不是太大,但是仍比其他安全处测点的 δ_{hm}/H_e 值大 30% 左右。

对比三个方案,方案三的预警值过于危险,不可取。方案二与方案一相差不大,但是以案例一的监测结果为例,当风险预警指标达到 $4.5‰$ 出现险情,险情属于不可接受,需重要决策,需控制、预警措施的四级风险,作为方案二该值仅为二级风险,而若按照方案一判断,恰可将其作为四级风险。且对比同等情况下,安全和出现事故处 δ_{hm}/H_e 之差,相当于同等情况下,基坑三级风险与四级风险预警值之差。工程案例一中,该值为出现事故处 δ_{hm}/H_e 的 30% 左右,这与方案一相符。方案一中三级风险与四级风险预警值之差为四级风险预警值的 32% 左右。说明该标准描述事故的显著性这点比较符合工程实际情况。

综上所述,本书采取第一种方案确定深开挖工程安全风险预警标准。

4.4.2 "绿场"下深开挖工程风险预警标准

前文的统计结果是在四种条件下得到的:一为不考虑影响因素对所有样本综合统计;二为考虑基坑开挖深度范围的影响,对所有样本分别统计;三为考虑地域性工程地质条件差别的影响,对所有样本分别统计;四为考虑支撑系统刚度的影响,对所有样本分别统计。在深开挖工程安全风险等级标准的确定中也首先根据不同条件研究,而后再制定考虑各影响因素的综合标准。

1. δ_{hm}/H_e 综合设计

根据 4.2.3 节统计结果,按照方案一对于工程安全等级的确定方法,分析深开挖工程安全风险等级标准,见表 4-13。

表 4-13	深开挖工程安全风险等级标准(综合)				
风险等级	一级	二级	三级	四级	五级
概率密度	$<f_m$	$f_m \sim 0.75f_m$	$0.75f_m \sim 0.5f_m$	$0.5f_m \sim 0.25f_m$	$>0.25f_m$
δ_{hm}/H_e /‰	$\leqslant 1.24$	$1.24 < \eta \leqslant 2.79$	$2.79 < \eta \leqslant 4.12$	$4.12 < \eta \leqslant 6.01$	>6.01

《上海地铁深基坑工程施工规程》(SZ-08-2000)中将一级基坑的围护结构水平位移最大值要求在 1.4‰,用本书建立的深开挖工程安全风险等级标准衡量,相当于是二级风险的预警值,需引起重视。但是表 4-13 是基于综合统计的结果,而规程中是针对开挖深度较大,且周围环境非常复杂的一级基坑。因此在建立合理的深开挖工程安全风险等级标准时还需进一步考虑基坑开挖深度、周围环境等多方面因素的影响。

2. 考虑工程开挖深度范围

根据 4.2.4 节统计结果,这里按照方案一的确定方法,对于不同深度范围的开挖工程各安全等级对应的 δ_{hm}/H_e 值,如表 4-14—表 4-18 所示。

表 4-14	深开挖工程安全风险等级标准($H_e < 7$ m)				
风险等级	一级	二级	三级	四级	五级
概率密度	$<f_m$	$f_m \sim 0.75f_m$	$0.75f_m \sim 0.5f_m$	$0.5f_m \sim 0.25f_m$	$>0.25f_m$
δ_{hm}/H_e /‰	<1.28	$1.28 \sim 2.28$	$2.28 \sim 3.08$	$3.08 \sim 4.5$	>4.5

表 4-15	深开挖工程安全风险等级标准(7 m $\leqslant H_e < 10$ m)				
风险等级	一级	二级	三级	四级	五级
概率密度	$<f_m$	$f_m \sim 0.75f_m$	$0.75f_m \sim 0.5f_m$	$0.5f_m \sim 0.25f_m$	$>0.25f_m$
δ_{hm}/H_e /‰	<2.28	$2.28 \sim 3.57$	$3.57 \sim 4.45$	$4.45 \sim 5.82$	>5.82

表 4 - 16　　　　　　　　深开挖工程安全风险等级标准（10 m≤H_e<16 m）

风险等级	一级	二级	三级	四级	五级
概率密度	<f_m	f_m～0.75f_m	0.75f_m～0.5f_m	0.5f_m～0.25f_m	>0.25f_m
δ_{hm}/H_e/‰	<2.4	2.4～3.78	3.78～4.7	4.7～6.02	>6.02

表 4 - 17　　　　　　　　深开挖工程安全风险等级标准（16 m≤H_e<20 m）

风险等级	一级	二级	三级	四级	五级
概率密度	<f_m	f_m～0.75f_m	0.75f_m～0.5f_m	0.5f_m～0.25f_m	>0.25f_m
δ_{hm}/H_e/‰	<1.16	1.16～2.17	2.17～2.97	2.97～4.25	>4.25

表 4 - 18　　　　　　　　深开挖工程安全风险等级标准（H_e≥20 m）

风险等级	一级	二级	三级	四级	五级
概率密度	<f_m	f_m～0.75f_m	0.75f_m～0.5f_m	0.5f_m～0.25f_m	>0.25f_m
δ_{hm}/H_e/‰	<0.86	0.86～1.38	1.38～1.73	1.73～2.28	>2.28

对于开挖深度在 10 m 以下的工程，按照风险等级对 δ_{hm}/H_e 的要求有所减小。对于开挖深度在 10 m 以上的工程，随着开挖深度的增加，对 δ_{hm}/H_e 的要求逐渐严格。这与实际工况比较相符，10 m 以下的工程当开挖深度小于 7 m 时，一般采用的支护形式均比较经济，因此对变形的要求控制要相对严格。对于开挖深度大于 10 m 的工程，随着开挖深度逐渐增加，施工难度逐渐增加，且工程规模也较大，产生破坏的风险较大，因此应更加严格地控制其变形。

1）H_e<7 m

H_e<7 m 时的深开挖工程安全风险等级标准如表 4 - 14 所示。

2）7 m≤H_e<10 m

7 m≤H_e<10 m 时的深开挖工程安全风险等级标准如表 4 - 15 所示。

3）10 m≤H_e<16 m

10 m≤H_e<16 m 时的深开挖工程安全风险等级标准如表 4 - 16 所示。

4）16 m≤H_e<20 m

16 m≤H_e<20 m 时的深开挖工程安全风险等级标准如表 4 - 17 所示。

5）H_e≥20 m

H_e≥20 m 时的深开挖工程安全风险等级标准如表 4 - 18 所示。

3. 地域性工程地质条件影响

根据 4.2.5 节统计结果，按照方案一确定的上海地区深开挖工程安全风险等级标准以及对应的 δ_{hm}/H_e 值如表 4 - 19 所示。

表 4 - 19　　　　　　　　深开挖工程安全风险等级标准(上海地区)

风险等级	一级	二级	三级	四级	五级
概率密度	$<f_m$	$f_m \sim 0.75 f_m$	$0.75 f_m \sim 0.5 f_m$	$0.5 f_m \sim 0.25 f_m$	$>0.25 f_m$
δ_{hm}/H_e /‰	<2.29	$2.29 \sim 3.56$	$3.56 \sim 4.5$	$4.5 \sim 5.89$	>5.89

这与工程案例一的实测结果比较符合。案例中,当12月4日基坑出现险情时,其 δ_{hm} 值与 H_e 值之比刚好是4.5‰左右,按照表4-19,正好介于三级风险和四级风险之间,属于不可接受风险,需要决策,并研究控制预警措施的等级。而实际工程中,也是产生了地表裂缝等险情,并采取了压密注浆等措施,才控制了险情发展。

4. 支撑刚度影响

考虑支撑刚度对于 δ_{hm}/H_e 值的影响,根据4.2.6节统计结果,按照方案一对于各支撑刚度区间中基坑风险等级对应的 δ_{hm}/H_e 值进行统计,结果如表4-20所示。

表 4 - 20　　　　　　　　深开挖工程安全风险等级标准(支撑刚度)

	风险等级	一级	二级	三级	四级	五级
	概率密度	$<f_m$	$f_m \sim 0.75 f_m$	$0.75 f_m \sim 0.5 f_m$	$0.5 f_m \sim 0.25 f_m$	$>0.25 f_m$
δ_{hm}/H_e /‰	$K_1 \leqslant 500$	<2.88	$2.88 \sim 4.56$	$4.56 \sim 5.85$	$5.85 \sim 8.06$	>8.06
	$500 < K_1 \leqslant 1\,000$	<2.44	$2.44 \sim 3.34$	$3.34 \sim 4.01$	$4.01 \sim 5.13$	>5.13
	$1\,000 < K_1 \leqslant 2\,000$	<1.51	$1.51 \sim 2.31$	$2.31 \sim 3.02$	$3.02 \sim 4.29$	>4.29
	$K_1 > 2\,000$	<0.69	$0.69 \sim 1.73$	$1.73 \sim 2.78$	$2.78 \sim 4.54$	>4.54

由上述分析结果可见,如果按照工程的支撑刚度来要求各风险等级深开挖工程的变形 δ_{hm}/H_e 值,则当 $K_1 \geqslant 500$ 时,一般情况支撑刚度越大,对于变形的控制标准要求越高,对应的 δ_{hm}/H_e 值也就越小。工程案例一中围护结构采用 $\phi 950$ 的钻孔灌注桩加高压旋喷桩止水,围护结构刚度在 $500 \sim 1\,000$ 之间,按照表4-20分析结果,其四级风险预警值为4.01‰~5.13‰,标准与工程实际情况比较相符。

对于辅助指标 H_{hm}/H_e,由于其一般与工程本体结构的安全风险等级没有直接关系,在制定"绿场"下风险预警标准时暂不考虑。但需要注意的是,H_{hm}/H_e 即围护结构水平位移最大值的位置能够影响围护结构后地表沉降情况,从而使围护结构后建筑物或构筑物产生不同情况的变形,当考虑周围环境安全时,需考虑其影响。

5　工程环境安全风险与风险预警指标相关性分析

5.1 概述

当有环境保护要求时,工程周围环境的安全是工程安全的重要部分,是确定工程安全风险预警标准的另一个重要因素。工程环境安全风险事故是指由工程本体结构安全风险事故导致的工程周围环境发生损失的事故,如围护结构变形过大导致周围管线、建筑物发生破坏,影响其使用功能等。

对于深开挖工程,其工程本体和周围环境是一个体系,且相互影响,两者之间存在着必然联系,有迹可循。风险预警指标与周围环境安全风险指标之间的内在联系主要体现在深开挖工程围护结构变形与周围建筑物和管线等构筑物变形之间的关系,其关系具有一定的普遍规律,但其影响因素众多,对于不同的工程,还需考虑一些特定因素的影响。因此,首先基于实测数据库得到其概率统计特征,进而采用数值分析和理论分析的方法,得到各因素的影响,对概率统计结果进行修正,将工程经验与理论计算相结合,可最好地接近真值。

5.2 工程环境安全风险辨识

5.2.1 深开挖工程施工对周边环境的影响

深开挖工程施工对周边环境的影响主要可分为两大类:施工对周边建(构)筑物的影响和施工对周边居民及生态的影响。

1. 施工对周边建(构)筑物的影响

工程开挖卸荷必然使其周围土体产生向工程内侧和向下的位移,如果防护措施不当,如过量降水、支撑破坏、工程塌方、地基加固处理不当等,必将导致该位移量过大,使得周围建筑物基础、高架线基础、道路路基、管线埋置土层产生均匀或不均匀的沉降,引起上部结构破坏。

(1)工程开挖对周边建筑物的影响风险有:导致建筑物整体下沉、开裂或倾斜。建筑物整体下沉是由于地表均匀沉降造成的,而地表不均匀沉降则会造成建筑物倾斜和开裂。建筑物发生整体下沉虽然对于结构没有太大的破坏,但会影响其使用功能,且一旦遇到暴雨天气,极有可能会造成屋内积水。而建筑物发生倾斜或开裂,建筑物破坏,居民必须紧急疏散,原有建筑物只能报废,将产生巨大的社会影响和经济损失,影响居民正常生活、工作。即使建筑物只有细微裂缝,不影响其使用功能,也会使居民心理上产生一定的不安全感。

(2)工程施工对道路的影响风险可分为两大部分:道路破坏和道路交通堵塞。其中,道路破坏又可分为路面沉陷、路面隆起和路面断裂。一旦施工引起路面破坏,将造成居民出行不便、车辆无法通行、交通阻塞甚至道路禁止通行等,同时可能增加交通事故的数量,引起很大的社会影响和经济损失。

(3)工程施工对地下管线影响风险,一方面是工程开挖引起周围土层运动,导致埋置其中的地下管线变形过大,发生破坏;另一方面是由于管线本身已经存在较小的破损,如下水管接头老化,导致管线在遇强暴雨期间,难以承受压力被冲坏,使水大量涌入工程。

2. 施工对周边居民和生态的影响

深开挖工程施工对居民和生态的影响主要包括噪声污染、空气污染、水污染、固体废弃物污染、生态环境破坏、社会环境影响。这一部分与围护结构变形没有相关性,不作为本书主要考虑的内容。

5.2.2 深开挖工程环境安全风险

深开挖工程施工期间存在的环境安全风险辨识如图 5-1 所示。

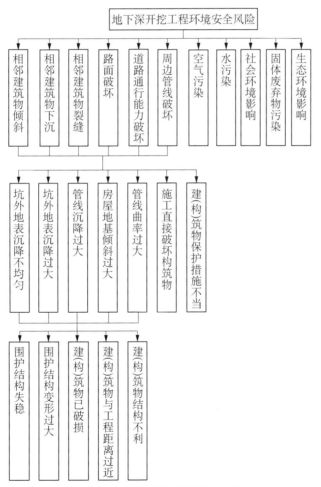

图 5-1 深开挖工程环境安全风险

环境安全的直接风险源是工程开挖导致的周围地层运动,表征为围护结构后地表沉降、水平位移、深层土体水平位移等。围护结构后土体的垂直位移可能导致建筑物产生不均匀沉降、弯曲等变形,引起建筑物受剪破坏或拉伸破坏。围护结构后土体的水平向位移主要作用有:削弱地基承载力;对建筑物会产生一定的拉伸或压缩作用。当建(构)筑物作为风险研究对象时,对其破坏起主导作用的首先是围护结构后土体的垂直位移。因此,本书以工程周围地表变形为环境安全风险的主要风险源开展研究。

环境安全的间接风险源有两种:一是引起地层运动的围护结构的变形;二是周围环境自身的状况,如构筑物的类型、构筑物与工程的间距、构筑物已有的破损情况等。第一种间接风险源导致了直接风险源的产生,同时它又是工程本体结构风险事件;第二种间接风险源在直接风险源发生效应后启动,会影响直接风险源的作用。在研究直接风险源时必须考虑间接风险源的作用。

5.3 工程开挖导致周围地表沉降变形模式

在以往的研究中,对由深开挖工程开挖导致的周围自然地面的沉降已有比较成熟的理论公式或经验公式,且工程中也有较多相关实测数据。

但是,当开挖工程周围存在建筑物时,周围地表沉降模式目前还有待研究。因此,本章通过数值分析手段,对围护结构后存在建筑物和无建筑物两种情况下,工程围护结构外土体水平和垂直位移模式,以及地表沉降模式进行研究。

5.3.1 数值计算思路

假设周围土体的变形与围护结构的变形是一一对应的(在假设土体没有体积改变的条件下),且在工程监测中往往也都是给出围护结构的水平位移控制围护结构土体的位移,所以对某固定的工程,可选取不同的围护结构位移模式,通过数值计算,得到相应的工程地表沉降曲线。这样做既可省去对工程开挖过程繁杂的计算,又为通过现场监测围护结构位移来推断工程地表沉降状态提供了方便。

为了能使计算结果与现场实测数据进行对比,选用工程实例二为基本模型。

计算内容包括三种工程环境:一是周围是天然地面,二是周围存在砖混结构建筑物,三是周围存在框架结构建筑物。上述两种建筑物都是对工程地表沉降最具敏感性的建筑物(S. J. Boone,2001)。

5.3.2 数值计算模型

本书的数值计算采用 FLAC3D,该程序采用了显式有限差分格式求解场的控制微分方程,并应用了混合单元离散模型,可以准确地模拟材料的屈服、塑性流动、软化直至大变形,尤其在材料的弹塑性分析、大变形分析以及模拟施工过程等领域有其独特的优势。

计算分为三步,首先进行了与实际工程相同的围护结构后为天然地面的计算(基本模型一),并按照实际监测数据,对计算模型进行校核;而后,在此基础上,进行紧邻工程存在砖混结构房屋的计算(基本模型二)和紧邻工程存在框架结构房屋的计算(基本模型三)。建筑物的相关参数是根据《混凝土结构设计规范》和《砌体结构设计规范》中比较常用的参数选择的。计算模型简况如下。

1. 模型一:围护结构外为天然地面

1) 模型几何参数

基坑开挖深度为 35.05 m,围护结构为内径 65 m 的圆形地下连续墙结构,厚 1 m,墙深 58 m。沿围护结构环向选取单位长度(1 m)计算,由于工程直径达到 130 m,计算中将工程边缘的弧线近似为直线。

2) 模型边界的确定

为尽量减小模型边界效应的影响,模型边界至工程围护结构的距离必须满足一定的要求。这段距离的确定与工程开挖的影响范围有关。Lin 等(2003)通过研究某挖深 10 m 方形工程的边界范围对工程变形的影响,发现自工程边缘到边界的距离为 3 倍的开挖深度时,墙体的变形和地表沉降达到收敛。Roboski(2003)对比工程边缘到模型边界的不同距离对工程变形的影响,认为该距离采用 5 倍的开挖深度时边界条件对工程的变形可以忽略。由于本工程开挖深度达到 35.05 m,开挖深度较大,因此将工程围护结构至模型边缘的距离取为 5 倍开挖深度(171 m),模型的深度方向取为 136 m,为 4 倍开挖深度。计算几何模型如图 5-2 所示。

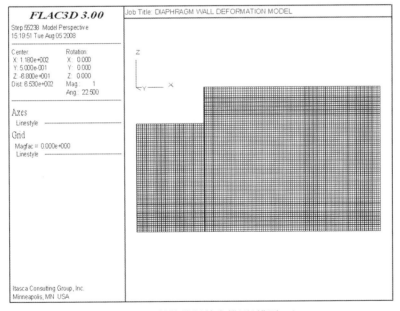

图 5-2 数值分析基本模型(模型一)

3) 模型材料参数

围护结构后土层计算参数根据规范要求选取。数据来源为本工程地质勘察报告。考虑到分析结果的普遍性,本书参考了以往上海地区工程数值分析经验,对实例中的土层参数进行归类简化。本书数值模拟基本模型的土层共 5 层,计算参数如表 5-1 所示。

表 5 - 1 数值模拟土层计算参数

土层	层厚/m	弹性模量/MPa	按直剪固快峰值强度的70%统计的平均值	
			黏聚力 c/kPa	内摩擦角 φ/(°)
1	2	3×10^6	25	21
2	28	3.2×10^6	12	13
3	15	15.75×10^6	12.4	21.5
4	30	7×10^6	13.6	16.7
5	15	30×10^6	9.25	23.5

墙体弹性模量的选取考虑到施工因素或工程开挖中连续墙由于部分受拉开裂导致强度降低的情况,参照谢百钧的研究,将墙体弹性模量折减 70%～80% 后计算。在本工程中墙体采用的是 C30 混凝土,连续墙刚度 EI 取为 2.5×10^6 kN·m^2。

4) 计算单元与本构模型

土层采用实体单元模拟,本构模型采用摩尔-库仑模型。连续墙采用 Shell 单元模拟,本构模型采用线弹性模型,工程围护结构与土体之间的接触面运用接触单元。地下连续墙与土层的接触面采用 Interface 单元模拟,接触面参数包括接触面切向刚度和法向刚度、接触面黏聚力 c、内摩擦角 φ。接触面的设置对于围护结构后土体变形有较大的影响,因此必须合理地选取接触面的参数。本计算中是根据围护结构穿越的土层 c、φ 值进行综合选取。

5) 模型边界条件

计算模型采用二维平面应变条件。其边界条件为:在对称面上施加对称边界条件,竖向边界约束水平位移,底面约束双向位移,上表面边界自由。

2. 模型二:紧邻工程存在砖混结构房屋,地上 2 层,天然地基

Burland 等(1974)对砖混结构进行了专门的模型试验,在这个试验的基础上,提出了目前广为应用的"深梁模型",用来模拟砖混结构建筑物的变形过程。Marco D. Boscardin 等(1989)对建筑物在工程开挖过程中由沉降引起的反应进行了研究,他们也是用深梁模型来分析砖混承重墙承受差异沉降的能力。砖混结构等砌体实际上是各向异性的,墙体上有门窗及敞口,并具有自重。但研究工程开挖所引起的结构与基础地层相互作用时,主要分析建筑物的整体变形,为了计算上的简便,将其作为各向同性材料处理,忽略自重,忽略墙体上的门窗洞口,将其简化成一个具有单位宽度的深梁。

计算模型中建筑物高 6 m、宽 18 m,高宽比 $H/L = 3$。根据上海市《地基基础设计规范》(DGJ 08 - 11 - 1999),这是砖混结构中对于结构刚度比较不利的高宽比,以便计算工程与建筑物相互影响的最不利情况。模拟建筑物长度方向与基坑平行,建筑物距工程 5 m。计算模型厚度取单位长度 1 m。计算模型如图 5 - 3 所示。

计算模型中的其他参数,如土体参数、边界条件等与模型一相同,建筑物采用实体单元模拟,其基础与土体接触面设接触面单元。由于结构刚度对工程周围土体位移场存在影响,因此建筑物的弹性模量 E 值、剪切模量 G 值按国家标准《砌体结构设计规范》(GB 5003—2001)中

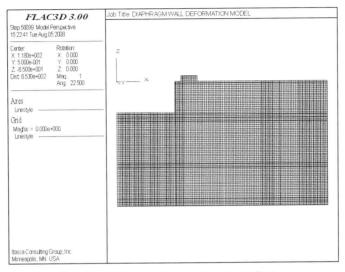

图 5-3 砖混结构数值分析基本模型(模型二)

的规定选取,G 近似为 $0.4E$。

3. 模型三:紧邻工程存在框架结构房屋,地上 9 层,"桩+承台"基础

模型建筑物为地上 9 层,层高 3 m,宽 18 m,长度方向取 1 榀框架,建筑物长度方向与基坑平行,距围护结构 5 m。柱长 33 m,直径 400 mm;梁选取方形,截面尺寸为 400 mm×600 mm。基础承台厚 500 mm,宽 22 m,建筑物两端各挑出 2 m。桩长 38 m,直径 700 mm。梁上施加两侧楼板传来的荷载,除梁板自重荷载外,板上活载根据规范选为 2 kN/m²。两侧楼板计算宽度为 6 m。框架结构计算模型基础埋深为 6 m。作用在地基上的均布荷载与砖混结构模型中地基上的均布荷载相同。计算模型如图 5-4 所示。

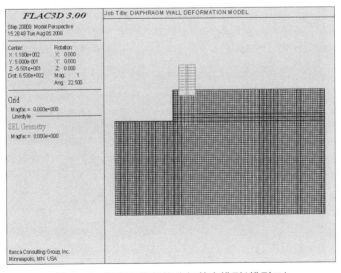

图 5-4 框架结构数值分析基本模型(模型三)

计算模型土体参数与模型一相同,建筑物梁、柱均采用 FLAC3D 中的结构单元 Beam 单元模拟,桩采用 Pile 单元,承台采用 Shell 单元模拟。建筑物与土体、柱与承台、承台和桩之间均建立 6 个方向都约束的刚性连接。建筑物梁、柱、桩、承台的其余参数,根据《混凝土结构设计规范》选取。模型边界条件与模型一相同。

5.3.3 工程周围天然地面沉降模式

当工程周围为天然地面时,围护结构后地表沉降已经有很多研究结论。如采用不同的函数曲线来拟合,如三角形、梯形(Clough,1990;Hsieh,1996)或正态分布曲线(Peck,1969;唐孟雄,1996)等。Clough(1981)认为工程周围地表沉降量的分布形式取决于沉降量的大小,沉降量小时为抛物线形,沉降量大时为三角形。

当围护结构变形为抛物线一型和倒三角形两种情况时,采用数值方法对围护结构后地表沉降状态进行计算。将工程案例中实测围护结构水平位移数据作为输入变量,在确定地表沉降曲线模式的同时与实测曲线对比,对基本模型进行验证。计算结果如下。

1. 围护结构变形为抛物线一型时的沉降模式

围护结构变形为抛物线一型,工程周围土体位移场云图见图 5-5。

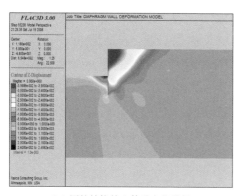
（a）围护结构外土体垂向位移场

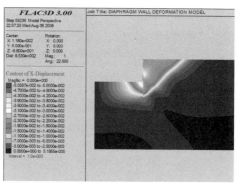
（b）围护结构外土体水平向位移场

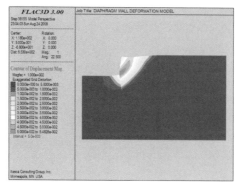
（c）围护结构外土体总位移场

图 5-5 土体位移场计算结果

图 5-6 为多支护柔性围护结构后土体位移分布,由图 5-6 可见计算所得位移场与多支护柔性围护结构后土体的位移场分布图比较接近(Bransby & Milligan, 1975)。整个围护结构后变形区域划分为五个区:Ⅰ区,类似于简单的位移场;Ⅱ区,由一对数螺旋线组成,该区域土体犹如刚体移动;Ⅲ区为主动区,类似简单位移场;Ⅳ区,简单处理为被动区土体;Ⅴ区为起连接作用的复杂位移场,土拱作用主要发生在该区域,具体如图 5-6 所示。图 5-5 中,围护结构后位移场基本分布在以围护结构深度为直角边的接近 45°的三角区域内,且变形最大的区域为围护结构中部变形最大区域后

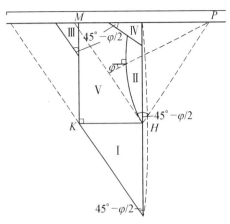

图 5-6 多支护柔性围护结构后土体位移分布(Bransby & Milligan, 1975)

部的土体,这部分土体产生朝向工程和向下的运动。在这部分之后,远工程方向的土体产生了土拱作用。

图 5-7 为实测地表沉降与计算值的对比,从图中可见,地表沉降曲线为近似的高斯分布曲线,与实测结果(图中方块连线)相比,二者变形规律基本一致,但实测位移值偏小。究其原因,可能是实际工程施工是采用分块、分层开挖技术,对墙体位移控制较好,而数值模拟中对围护结构的位移约束是在一个计算工况实现的,所以计算值偏大,但两条曲线变形规律基本一致,说明本计算所采用的墙体水平位移模式是合适的。

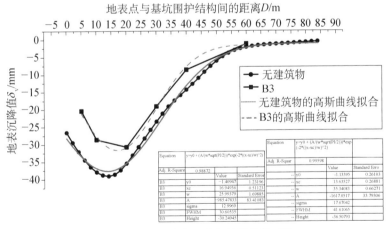

图 5-7 实测地表沉降与计算值的对比

2. 围护结构变形为倒三角形时的沉降模式

围护结构体水平位移模式按基本模式"倒三角形"计算时,围护结构外地表沉降曲线如图 5-8 所示。此时围护结构后地表沉降曲线为三角形,其沉降位移分布特点是:靠近工程顶部处沉降位移最大,离工程较远处逐渐减小,沉降位移与距工程的距离基本呈线性关系。

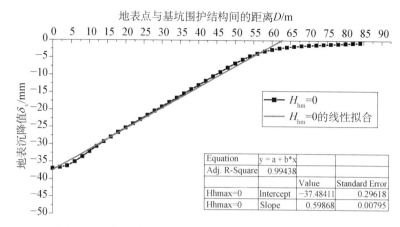

图 5-8 "倒三角形"围护结构变形模式对应地表沉降曲线

3. 工程周围天然地面沉降模式及沉降曲线关键参数

工程周围天然地面,对应于不同的围护结构变形模式,地表沉降模式大体可分为三角形和抛物线形两种,如图 5-9 所示。

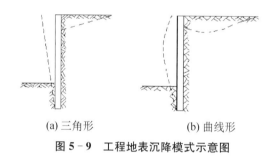

(a) 三角形   (b) 曲线形

图 5-9 工程地表沉降模式示意图

综上所述,对于工程周围天然地表可采用已有典型地表沉降曲线来估计。相应的描述该曲线的关键参数有三个:一为地表沉降最大值与工程围护结构水平位移最大值的比;二为地表沉降最大处距围护结构的距离;三为地表沉降影响范围。

5.3.4 工程周围有建筑物地表沉降模式

计算建筑物基础形式、结构形式以及建筑物与工程的相对位置对地表沉降曲线模式的影响。计算模型为基本模型二、基本模型三。需要说明的是,由于对于周围有建筑物的工程,其周围天然地面沉降情况表征了工程开挖对周围环境的影响程度,设工程围护结构后天然地表沉降曲线为该工程的基本地表沉降曲线。文中计算得到的建筑物作用下的地表沉降曲线,在建筑物部分为建筑物地基土体表面沉降。

计算中建筑物与工程间距,以基本地表沉降曲线为基础。鉴于该曲线基本符合高斯曲线,建筑物的破坏又主要是倾斜破坏或受弯破坏,因此共计算了四种工况,分别是:建筑物位于天然地面沉降曲线上两个曲率较大的点(两点曲率方向相反),以及两段斜率较大的范围上。又由于靠近工程沉降曲线的斜率较大段距工程非常近(小于计算模型中建筑物长度),所以只选择了远离工程一侧斜率较大位置,还添加了建筑物超出影响区域的工况,以便对比分析。具体工程与建筑物间距依次为:$D_b = 5$ m、20 m、40 m、60 m。计算结果见图 5 - 10、图 5 - 11。

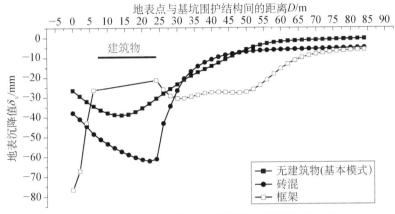

图 5 - 10 不同周围环境工程围护结构后地表沉降对比

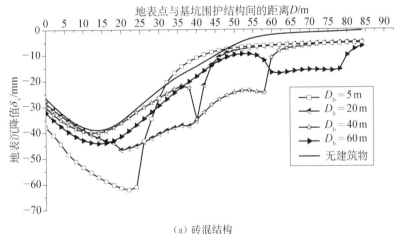

(a) 砖混结构

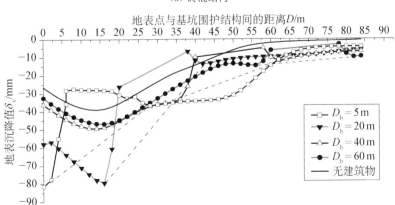

(b) 框架结构

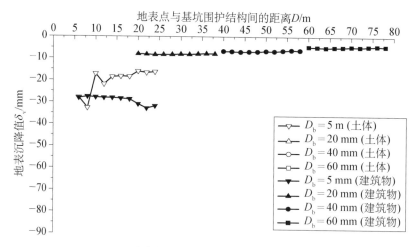

（c）框架结构承台与地基接触处土体沉降

图 5‑11 建筑物距工程不同距离工程围护结构后地表沉降对比

由图 5‑10、图 5‑11 可见，建筑物存在对围护结构后地表沉降模式有一定影响。框架＋桩基与砖混＋条基对于地表沉降曲线模式的影响不同。

1. 砖混＋条基建筑物

设基本地表沉降曲线最大值与工程围护结构间距为 D_{vm}，地表沉降曲线的影响范围为 D_v，建筑物长度为 L。此时沉降曲线有如下特征：

（1）砖混＋条基结构对于沉降曲线影响明显，无论与工程间距多少，建筑物均使围护结构后地表整体的沉降值增加，但建筑物没有影响沉降槽整体形状，且影响较大的范围主要在建筑物附近。从平面上看，大约在建筑物 4～6 m（约为建筑物长度的 1/3）范围内，靠近工程一端影响范围大些（6 m），见图 5‑11(a)，当然这个范围可能与建筑物的刚度和荷载等因素有关。

由图 5‑10 可见，建筑物位于距工程 5～23 m 范围内，横跨基本地表沉降曲线最大值位置（距工程 14 m），原沉降曲线沉降最大值两侧土体中靠近工程一侧土体斜率大于远离工程一侧，而加建筑物后，建筑物也是向工程外倾斜。虽然建筑物产生较大倾斜，但建筑物所受的曲率相比较该段原来沉降槽的曲率小很多，主要的破坏原因由弯曲破坏变为倾斜引起的拉伸或剪切破坏，所以在计算工程开挖对周围环境的影响时，如果不考虑建筑物的作用，而直接用"绿场"状况的地表沉降曲线分析，可能会过度夸大建筑物所受影响。

（2）建筑物作用范围内地表沉降形式随建筑物与基本地表沉降曲线影响区域的相对位置而改变。当 $D_b = 5\,m$ 时，$D_v > D_b + L \geqslant D_{vm}$，建筑物位于基本地表沉降曲线沉降最大处，建筑物下土体略微凹陷，伴有朝向工程外的倾斜；当 $D_b = 20\,m$ 时，$D_v > D_b \geqslant D_{vm}$，建筑物下土体主要表现为朝向工程的倾斜；$D_b = 40\,m$ 时，$D_b + L \geqslant D_v$ 且 $D_b < D_v$ 时，建筑物下土体变形也成"凸"形弯曲，同时伴有朝向工程的倾斜；$D_b = 60\,m$ 时，$D_b > D_v$ 建筑物下土体沉降比较均匀。

（3）建筑物距离工程近时比距工程远时影响大。当 $D_b = 5\,m$ 建筑物对地表沉降影响最大,有建筑物沉降曲线不符合高斯曲线,最大值为 64 mm(1.36δ_{hm}),比为"绿场"时最大值增加了 29.2 mm(增加了 58%)。而之后的三个位置上地表沉降曲线受到影响相对较小,最大值与"绿场"情况相比只增加了 1～6 mm(增加了 2.5%～15%),且在建筑物影响范围之外的地表沉降值分布形式与"绿场"时非常接近,距工程 20 m(约 0.6H_e,1.43D_{vm})之后的沉降曲线受影响相对较小。即便是影响较大的 $D_b = 5$ m 时,当超出建筑物影响范围后地表沉降曲线的形式基本还是与"绿场"时一致。

由以上分析可见,该类型建筑物的存在虽然改变了工程的地表沉降曲线,但是影响范围限于建筑物周围一定范围内(约为建筑物长度的 1/3),且当建筑物影响范围不在围护结构后为"绿场"情况下地表沉降最大处时,有建筑物地表沉降最大值位置基本不变。

2. 框架+桩基结构

框架+桩基结构作用下的围护结构后地表沉降曲线,其建筑物下部土体沉降量明显小于相邻土体,但建筑物两侧土体的沉降相比无建筑物作用时增加很多,且地表沉降的最大值位置向工程方向移动,最大值增量较大。桩基与墙体之间的土体沉降量远大于桩基之后的土体。

这主要是因为,框架结构的基础为"桩+承台"群桩基础,群桩基础受竖向荷载后,由于承台、桩、土的相互作用使其桩侧阻力、桩端阻力、沉降等性状发生变化。当工程邻近建筑物为"框架+桩基"结构时,框架下桩基由于桩周土体在自重或外荷载作用下发生变形或运动而被动地承受土体传来的压力。框架建筑物先于工程开挖存在,且框架建筑物的基础埋置深度较深,当工程开挖时会导致周围土体向下移动,建筑物地下室外墙、桩基等对土体产生摩阻力,减少建筑物周围土体的沉降。但由于建筑物荷载的作用,使地表的整体沉降要大于无建筑物时。而且,"桩+承台"基础的刚度相对于周围土体比较大,桩深入工程周围土体下 38 m 大于开挖深度 34 m,桩对土体的变形产生了遮拦效应,使得桩作用部分土体沉降小于周围土体,桩后远离工程方向土体沉降小于桩前土体,同时墙与桩基之间土体的地表沉降大量增加。

由图 5-11(b)、(c)可见,建筑物的变形随着建筑物与沉降槽的相对位置改变而改变。$D_b = 5$ m 时,建筑物整体略微朝向工程外侧倾斜,但角度不大,约为 0.19‰,承台略有弯曲,倾斜度很小。建筑物地基朝向工程内倾斜,角度稍大,约为 0.65‰。这部分建筑物下地基沉降与承台有分离的现象,主要发生在 D_{vm}(14 m)之前的位置,沉降差最大为 15 mm。这主要是由于在此工况中,该范围内土体沉降较大且建筑物距工程很近导致的。$D_b = 5$ m 后的几种工况倾斜度很小,且承台和土体的结合比较紧密。

$D_b = 20$ m 时,建筑物的作用仍可使围护结构后近工程的土体沉降增加很大,最大沉降值与 $D_b = 5$ m 时比较接近,为 80.3 mm。但沉降曲线最大值的位置变为 $D = 16$ m,距建筑物 4 m(约 $L/3$)处。建筑物沉降与右侧相邻点(远工程方向)的沉降差约为 7 mm,与左侧 4 m 以外的点的沉降差约为 53.1 mm。

$D_b = 40$ m 时,建筑物的作用使围护结构后地表沉降最大值增加,最大值约为 49.58 mm,但最大值位置与基本沉降曲线的相同。建筑物整体倾斜角度为 0.027‰。建筑物周围土体沉降较小,主要影响的范围约为建筑物左右 4 m 内,还存在一个影响相对较小的范围,为距建筑物靠近工程一侧 10 m 范围内,远离工程一侧不明显。建筑物沉降与右侧相邻点(远工程方向)的沉降差约为 7 mm,与左侧 4 m 以外的点的沉降差约为 23.2 mm。

$D_b = 60$ m 时,建筑物作用在土体上后,建筑物整体倾斜角度为 0.012‰。但建筑物的作用仍使围护结构后地表沉降最大值增加,最大值约为 46.88 mm,略小于 $D_b = 40$ m 时,最大值位置与基本沉降曲线的相同。建筑物影响的范围与 $D_b = 40$ m 时相同。建筑物沉降与右侧相邻点(远工程方向)的沉降差仍约为 7 mm,与左侧 4 m 以外的点的沉降差约为 8.4 mm。

在以桩基为基础的框架结构处围护结构后地表沉降具有如下特点:

(1) 建筑物的存在改变了工程的基本沉降曲线,但是影响范围限于建筑物周围一定范围内,约为建筑物周围 1/3 建筑长度范围内。但当距工程较近时,$D_b = 5$ m,$D_b \leqslant 0.17H_e$,建筑物对基本沉降曲线影响范围较大。

(2) 建筑物对地表沉降的作用与基本沉降曲线非常相关。建筑物与基本沉降曲线的相对位置影响了建筑物的变形值和整体地表沉降值。

(3) 当地表沉降最大值位置不在建筑物的影响范围内时,地表沉降最大值位置基本不变。

(4) 建筑物距工程越近,对工程地表沉降的影响越大,与砖混结构相比,框架结构建筑物对建筑物与围护结构间土体的地表沉降的作用要更加大。

(5) 桩对土体沉降存在一定遮挡作用,桩后向工程外方向土体沉降明显小于桩前土体,建筑物距工程越近这一效应越明显。

(6) 本书是在无建筑物的基本计算模型上直接添加建筑物,其他条件不变,所以沉降值由于建筑物荷载的作用,一定会大于"绿场"情况。

综上所述,工程开挖对"砖混+条基"结构的影响要大于对"框架+桩基"结构建筑物的影响,但是另一方面,"框架+桩基"结构对工程外地表的影响要大于"砖混+条基"结构。更重要的是,工程周围有建筑物的地表和无建筑物的地表沉降模式基本相同,但在建筑物作用范围内差别较大,对于周围有建筑物的工程,计算其环境安全风险时不应该与工程外无建筑物时采用相同的参数来控制,而是应该采用建筑物地基倾斜度等更加直接的参数作为控制指标。

5.4 环境安全风险控制指标

通过对深开挖工程环境安全风险的初步辨识可知,在深开挖工程施工过程中,可出现的环境安全风险事故的直接风险源为工程开挖导致的周围地层运动,因此其控制指标必然与周围地层的变形有关。

通过前文的数值分析方法和以往的研究结论可见,工程周围地表沉降反映了工程周围地表一定范围内的垂直位移,是引起位于地表附近的周围建筑物基础、高架线基础、道路路基、管线埋置土层产生沉降的主要因素,也是周围地层整体运动的体现,且便于量测。按照现有建筑物变形控制规范,一般均认为建筑物地基不均匀沉降是建筑物破坏的主要原因,它也是判断建筑物破坏程度的主要控制指标。根据 5.3.4 节研究结果,周围有建筑物存在时,建筑物对地表沉降变形模式的影响也在约 1/3 建筑物长度范围内,扣除建筑物的影响区域,地表沉降模式与无建筑物时类似。因此在研究工程周围环境安全风险时,地表沉降和建筑物地基的倾斜可以作为其控制因素。

根据 5.3.3 节研究结果,对于周围存在管线或重要城市道路等工程,其对工程外地层变形影响较小,因此其地表沉降模式符合天然地表沉降模式,可用高斯曲线拟合,拟合精度较高。关键参数有三个:一为地表沉降最大值与工程围护结构水平位移最大值的比;二为地表沉降最大处距围护结构的距离;三为地表沉降影响范围。

综上所述,工程周围有建筑物的环境安全风险控制指标主要是建筑物基础的倾斜度 β;对于有管线时环境安全风险控制指标主要是管线以上地表沉降最大值 δ_{vm} 或地表倾斜率 β_p。

无论工程周围是否存在建筑物,作为基本沉降曲线的周围天然地面沉降情况表征了工程开挖对周围环境的影响程度,是研究建筑物与开挖工程相互作用的基础。因此,深开挖工程周围天然地面地表沉降情况作为辅助判断指标,其特征参数为地表沉降最大值 δ_{vm}、最大值位置 D_{vm} 和沉降影响范围 D_v 等。

环境安全风险控制指标与工程安全风险预警指标之间的关系,为考虑环境安全的深开挖工程安全风险预警搭建了桥梁。

5.5 天然地面沉降曲线与安全预警指标相关性

5.5.1 δ_{vm} 与 δ_{hm} 相关性分析

1. 地表沉降最大值 δ_{vm} 与围护结构水平位移最大值 δ_{hm} 的相关性

对于地表沉降与围护结构变形相关性的研究大致可分为两种:

一是认为对于软黏土,沉降槽面积与墙体变形面积相等,基于此得到 $\delta_{vm} = 3V_s/D$(V_s 为墙后沉降槽面积,D 为墙体沉降最大处与基坑围护墙的距离)(Milligan,1983)。Bowles(1988)认为 $\delta_{vm} = 4V_s/D$ 与实际监测数据更加吻合。Thomas(1981)通过对大量实测数据和模型试验结果的比较,得出墙体位移与地表沉降的变化规律,即墙体位移与地面沉降之比的极限值对于支撑式工程约为 0.6,对于悬臂式工程则为 1.6。

二是将 δ_{vm} 与 δ_{hm} 建立联系。大多是基于工程实测数据的统计得到,如:Goldberg 等(1976)通过分析不同类型土体中 63 个工程的监测数据,给出不同土中 δ_{vm} 与 δ_{hm} 的关系,其中软土中 δ_{vm} 与 δ_{hm} 的关系如图 5-12 所示。他认为在软黏土中 $\delta_{vm}/\delta_{hm} \geqslant 2.0$。

Mana 等(1981)通过实测数据分析,得到旧金山、奥斯陆和芝加哥等地工程围护结构的最大水平位移与最大地表沉降之间的关系,其 δ_{vm}/δ_{hm} 为 0.5~1.0。

Woo 等(1990)对台北的有关工程案例的统计结果表明,δ_{vm}/δ_{hm} 为 0.25~1.0,超过 $1.0\delta_{hm}$ 为发生局部破坏、墙体渗漏和地表超载等问题所致。

Ou 等(1993)也将台北地区的深开挖工程资料与芝加哥、旧金山、挪威奥斯陆的开挖工程资料整理成图,图中显示,大部分开挖案例的最大地表沉降量为 $0.5 \sim 0.75\delta_{hm}$,砂质土壤的深

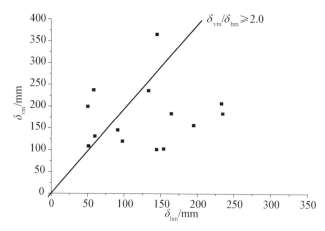

图 5‑12   软土中 δ_{vm} 与 δ_{hm} 的关系(Goldberg 等,1976)

开挖在下限值,黏土在上限值,砂、黏土互层则介于两者之间,但对于软弱土壤而言,δ_{vm} 可能达 1.0δ_{hm} 以上。

上海市隧道工程设计院等单位研究了上海地铁工程的部分区段,研究结果表明最大地表沉降为围护结构最大水平位移的 0.71~1.0 倍。刘涛(2007)研究了刚性支撑结构中最大地面沉降值 δ_{vm} 与围护结构最大水平位移 δ_{hm} 的关系,结合上海地铁各条线的部分车站的 233 个实测断面的数据资料,得到 δ_{vm}/δ_{hm} = 0.9~1 范围之间的站点分布较多,占到 37%,比值 δ_{vm}/δ_{hm} = 0.7~1 的范围占到了 58%,其余段的比值占的份额相对来说小许多。

由上述分析可见,对于 δ_{vm} 与 δ_{hm} 的关系大多研究都采用线性关系来描述,大部分统计结果均认为最大地表沉降较围护结构的最大水平位移要小;在分析中基本上都是通过对于现场监测数据的分析,给出 δ_{vm}/δ_{hm} 为某一值或一个变化范围,在某些分析中考虑了工程地质条件和支护形式的影响。

下面对 δ_{vm} 与 δ_{hm} 的关系进行统计分析。统计样本主要来自已建工程实测数据库,包括上海地区工程案例,以及 Zhu Xiaming 统计的新加坡和美国、英国等世界范围内的相关数据,以及其他工程实测数据,共 275 个,见图 5‑13。

由图 5‑13 可见,δ_{vm} 与 δ_{hm} 的关系体现了比较符合线性关系的特征,采用 Excel 软件分析其相关性,相关系数为 0.757 069,为正相关。但同时可见,如果单纯用某线性公式对其关系进行拟合,则描述结果存在较大的局限性和片面性,而采用概率统计的方法可弥补这

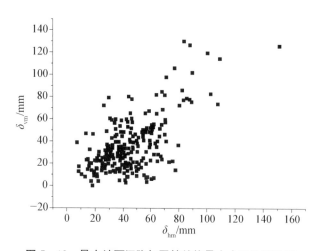

图 5‑13   最大地面沉降与围护结构最大水平位移关系

些不足。

2. δ_{vm}/δ_{hm} 概率分析

通过对 275 个数据样本的统计,得到 δ_{vm}/δ_{hm} 的概率分布特征曲线如图 5‑14、图 5‑15 所示。

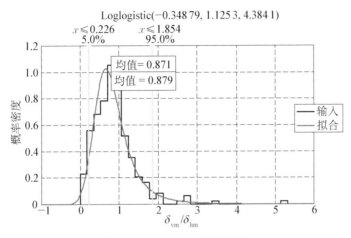

图 5‑14 δ_{vm}/δ_{hm} 概率密度

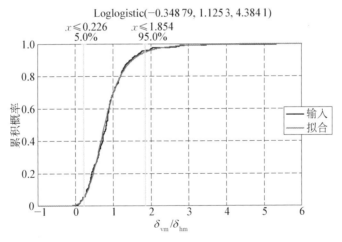

图 5‑15 δ_{vm}/δ_{hm} 累积概率分布曲线

应用@Risk 软件,通过假设检验,得到 δ_{vm}/δ_{hm} 概率分布的拟合函数排列第一位的是 Loglogistic 函数,该函数的方程和参数意义参见第 4.2.3 节。其中,概率密度最大的值为 0.66,δ_{vm}/δ_{hm} 小于 0.66 的发生概率为 38%。δ_{vm}/δ_{hm} 小于 1 的概率为 70%,Woo 基于对台北 的统计结果,认为 δ_{vm}/δ_{hm} 大于 1 就表示工程发生破坏,就本书的统计结果可见,这样的判断对 于其他地区来说可能过于保守。上海市地铁工程统计得到的 δ_{vm}/δ_{hm} 大多为 0.7~1,而 0.7 正 是 δ_{vm}/δ_{hm} 概率密度较大值,可见统计结果应用于我国软土地区比较合适。

3. δ_{vm}/δ_{hm} 影响因素正交分析

正交设计方法是基于方差分析模型的部分因子设计方法,它是根据正交性从全面试验中挑选出部分有代表性的点进行试验。这些有代表性的点具备了"均匀分散,齐整可比"的特点,水平等级较少的情况下具有很高的效率(孙树林,2005),经常用来对试验进行统筹安排,以便尽快找出试验中各参数对试验结果的影响程度。本书利用正交设计试验来完成深开挖工程围护结构变形参数的影响程度分析。

对于天然地表,主要影响因素包括围护结构水平位移最大值、围护结构水平位移最大值位置、最大软土层厚度以及围护结构刚度。

1)计算模型的建立

将5.3节所述计算模型一作为基本计算模型,参见5.3节。

2)计算参数的选取

为了满足正交试验设计的需要,对其中主要的5个参数按正交表选取。在实践经验和理论分析的基础上,每个参数取4个水平,即进行 $L_{16}(4^5)$ 的正交试验设计。对于工程周围为天然地表的模型,其中一列(因素)为空,对结果的统计分析不影响。

(1)因素一:围护结构水平位移最大值。

通过统计分析,围护结构水平位移最大值与工程开挖深度的比值 δ_{hm}/H_e 符合 Loglogistic 函数,为便于分析将之转化为标准正态分布,δ_{hm}/H_e 均值为0.538,方差为0.489。

选取4个水平(1倍方差):$\delta_{hm}/H_e = 0.538‰$,$\delta_{hm}/H_e = 1.027‰$,$\delta_{hm}/H_e = 1.516‰$,$\delta_{hm}/H_e = 2‰$,对应的 $\delta_{hm} = 18.29\text{ mm}$,$\delta_{hm} = 35.918\text{ mm}$,$\delta_{hm} = 51.54\text{ mm}$,$\delta_{hm} = 68\text{ mm}$。为便于建模选取近似值,$\delta_{hm}$ 分别选取19 mm,35 mm,52 mm,68 mm。

(2)因素二:围护结构水平位移最大值位置。

通过统计分析,H_{hm}/H_e 均值为0.943,方差为0.22,符合正态分布。

选取5个水平(1倍方差):$H_{hm}/H_e = 0.503$,$H_{hm}/H_e = 0.723$,$H_{hm}/H_e = 0.943$,$H_{hm}/H_e = 1.163$,$H_{hm}/H_e = 1.383$,对应的 H_{hm} 为:$H_{hm} = -17.102\text{ mm}$,$H_{hm} = -25.582\text{ mm}$,$H_{hm} = -32.062\text{ mm}$,$H_{hm} = -39.542\text{ mm}$,$H_{hm} = -47.022\text{ mm}$。取近似值 H_{hm} 分别为 -20 mm,-32 mm,-44 mm,-47 mm。

(3)因素三:最大软土层厚度。

上海等软土地区深开挖工程受到软土层厚度的影响较大,地区软土层均有分布,软土的厚度在 $10\sim20\text{ m}$ 不等,上海市区软黏土层底埋深为 $8\sim24\text{ m}$(周学明,2005)。由于本书分析的是开挖深度大于10 m以上的工程,因此,软土层底的埋深可能低于围护结构底埋深,也可能高于墙底埋深。考虑到工程实际情况,假设软土层顶埋深为常见的4 m。通过对上海地区工程围护结构以上软土层厚度的统计(图5-16)确定计算参数。需要说明的是,软土层埋深是工程固有的特性,是不随开挖深度改变的,这里只是为了统计方便,建立了量纲为一的量 H_{sw}/H_e,其实二者没有必然关系。

根据统计结果,上海地区 H_{sw}/H_e 概率分布符合正态分布函数,均值为0.495,标准差为

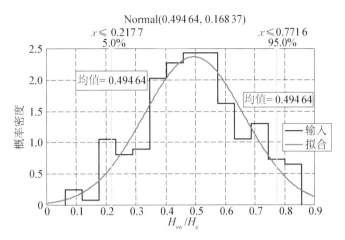

图 5 - 16　上海地区工程围护结构以上软土层厚度概率统计

0.168。为使计算结果具有工程意义,本文根据统计结果选取 4 个水平:$H_{sw}/H_e = 0.5$,
$H_{sw}/H_e = 0.668$,$H_{sw}/H_e = 0.332$,$H_{sw}/H_e = 0.164$,包含了数据的 90%,对应的软土厚度
H_{sw} 分别为:$H_{sw} = 17 \text{ m}$,22 m,11.28 m,5.576 m。软土层层底埋深为 $H_s = 21 \text{ m}$,$H_s = 26 \text{ m}$,$H_s = 15 \text{ m}$,$H_s = 9 \text{ m}$。为便于计算取整:软土层层底埋深为 $H_s = 20 \text{ m}$,$H_s = 26 \text{ m}$,$H_s = 14 \text{ m}$,$H_s = 10 \text{ m}$。

　　(4) 因素四:围护结构刚度。

　　选取地下连续墙厚度 0.8～1 m,对应刚度 1 280 000～2 500 000 kN·m²;取灌注桩直径
介于 0.8～0.9～1.1 m 之间,对应刚度 1 795 800～878 000～602 880 kN·m²;取工程开挖
深度大于 10 m 的 SMW 工法桩的围护结构刚度 628 700～231 500 kN·m²。选取计算刚
度为:$EI = 2 500 000 \text{ kN·m}^2$,$EI = 1 795 800 \text{ kN·m}^2$,$EI = 878 000 \text{ kN·m}^2$,$EI = 231 500 \text{ kN·m}^2$。

　　因素及水平变化的选择情况如表 5 - 2 所示。

表 5 - 2 　　　　　　　　　　　　各因素及水平变化表

编号	因素	水平 1	水平 2	水平 3	水平 4
A	最大软土层层底埋深/m	10	14	20	26
B	围护结构水平位移最大值位置/m	20	32	44	56
C	围护结构水平位移最大值/mm	19	35	52	68
D	围护结构刚度/(kN·m²)	878 000	1 411 333	1 945 000	2 500 000

　　3)试验安排及计算结果

　　根据正交表 $L_{16}(4^5)$ 的要求,进行 16 次试验(建 16 个模型),计算结果见表 5 - 3。

表 5 - 3   天然地面计算结果

试验号	最大软土层层底埋深/m	围护结构水平位移最大值位置/m	围护结构水平位移最大值/mm	围护结构刚度/(kN·㎡)	地表沉降最大曲率	曲率最大值位置/m	沉降最大值/mm	沉降最大值位置/m	影响范围/m
1	10	20	19	878 000	0.083	8	−15.171	10	56
2	1	32	35	1 411 333	0.010	16	−27.579	14	60
3	1	44	52	1 945 000	0.127	22	−41.849	20	62
4	1	56	68	2 500 000	0.152	26	−55.880	22	66
5	14	1	2	3	0.046	14	−15.177	14	54
6	2	2	1	4	0.150	10	−27.679	10	60
7	2	3	4	1	0.116	26	−40.952	24	64
8	2	4	3	2	0.164	22	−55.304	20	62
9	20	1	3	4	0.033	28	−15.100	20	54
10	3	2	4	3	0.075	28	−27.056	24	60
11	3	3	1	2	0.209	12	−42.682	10	60
12	3	4	2	1	0.205	16	−55.406	14	60
13	26	1	4	2	0.035	36	−15.468	24	58
14	4	2	3	1	0.085	26	−27.557	22	56
15	4	3	2	4	0.168	16	−42.896	16	58
16	4	4	1	3	0.306	12	−57.172	12	56

4）计算结果分析

通过正交设计分析,得到了如图 5 - 17 的效果曲线图,各符号意义见表 5 - 2。从图中看出,地表沉降最大值(绝对值)随围护结构水平位移最大值的增加而增加,而与其他参量的关系不十分明显。通过极差 R,可以看出各个因素对地表沉降最大值的贡献主次顺序为:C—B—A—D,围护结构水平位移最大值起绝对主导作用,其他对计算结果的影响相对较小。

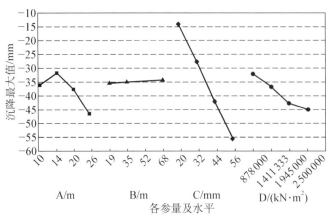

图 5 - 17　各因素对地表沉降最大值的贡献效应图

从方差分析来看,因素 C 在 $\alpha \approx 0$ 的水平上显著,表明围护结构水平位移最大值对围护结构后地表沉降最大值有巨大影响;因素 A、B 在 $\alpha \approx 0.05$ 的置信水平上显著,表明极差分析结果可靠,最大软土层厚度及围护结构水平位移最大值位置对围护结构后地表沉降最大值有影响;因素 D 在 $\alpha \approx 0.2$ 的置信水平上不显著,说明围护结构刚度对围护结构后地表沉降最大值影响不大。

表 5-4 正交试验分析结果

方差	因素			
	A	**B**	**C**	**D**
K_1	−35.620	−35.426	−15.229	−35.522
K_2	−35.278	−35.015	−27.468	−35.758
K_3	−35.811	−35.453	−42.095	−35.064
K_4	−35.523	−35.339	−55.441	−35.889
极差 R	0.533	1.087	41.212	0.542
F 值	13.15	12.25	15 191.46	2.48
P 值	0.031	0.034	0	0.237

4. δ_{vm}/δ_{hm} 影响因素分析

下面给出了围护结构变形对 δ_{vm}/δ_{hm} 的影响,包括围护结构水平位移最大值、围护结构水平位移最大值位置、围护结构变形的顶部位移和墙底位移。

1) 围护结构水平位移最大值 δ_{hm} 的影响分析

计算基本模型为模型一(参见 5.3 节),计算了 8 种工况,从计算模型对应的工程案例二的实测位移 47 mm 开始,至概率统计的 $2\sigma\delta_{hm}$ 即 67 mm,每间隔 3 mm(监测工程中一般选取的变形速率报警为 3 mm/d)为一个工况,其他条件不变。一方面分析围护结构变形与其后土体变形的关系,另一方面研究当变形速率为 3 mm 时,地表沉降的变化。

计算结果如图 5-18、图 5-19 所示,由计算结果可见,在数值分析的理想状态下,只改变围护结构的最大水平位移,计算所得的最大地表沉降与围护结构的最大水平位移呈线性关系,δ_{vm}/δ_{hm} 比值约为 0.833,根据前面的概率统计结果,该值概率密度较大,统计结果中小于该值的发生概率为 54%。

2) 围护结构水平位移最大值位置 H_{hm} 影响分析

计算基本模型为模型一(参见 5.3 节),只改变 H_{hm},其他条件不变。H_{hm} 为 0 m、−5 m、−10 m、−20 m、−24 m、−27 m、−30 m、−36 m、−40 m,计算工况包括"倒三角形"和"抛物线形"围护结构变形模式。对于"抛物线形"变形模式中,主要依据第 3 章对于上海地区围护结构变形统计结果,按照 3σ 原则,选择围护结构水平位移最大值位置从 $0.283H_e$(−10 m)变化至 $1.2H_e$(−40 m)。此外为对比分析还增加了 H_{hm} 为 −5 m 的情况。计算结果见图 5-20、图 5-21。

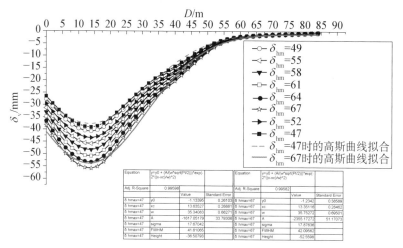

图 5‑18　围护结构后地表沉降曲线随 **δ**hm 的发展

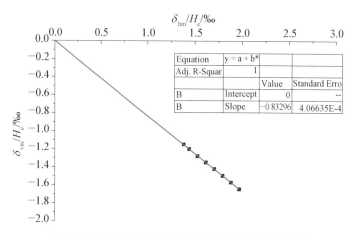

图 5‑19　围护结构后地表沉降最大值随 **δ**hm 的发展

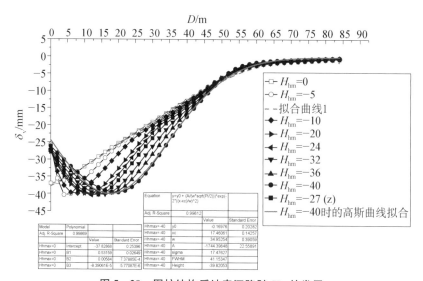

图 5‑20　围护结构后地表沉降随 **H**hm 的发展

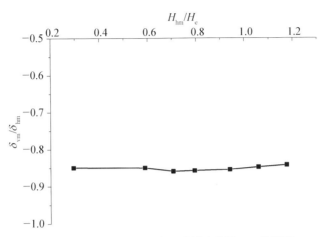

图 5 - 21 围护结构后地表沉降最大值随 H_{hm} 的发展

由图 5 - 21 可见，当围护结构变形在 $-10 \sim -40$ m 范围内沉降的最大值均变化较小，δ_{vm}/δ_{hm} 基本上可以认为受到 H_{hm} 影响较小。

3）围护结构顶部水平位移影响分析

计算基本模型为模型一（参见 5.3 节），只改变顶部水平位移 δ_{ht}，共计算了 9 个工况，即 δ_{ht} 为 3 mm、7 mm、11 mm、15 mm、19 mm、23 mm、27 mm、31 mm、35 mm。墙体最大水平位移均为 47 mm，深度位置均为 27 m。计算结果见图 5 - 22、图 5 - 23。

如图 5 - 23 所示，对于符合抛物线形围护结构变形模式的工程，δ_{ht}/δ_{hm} 小于一定值（本书中计算结果为 0.489）时，顶部位移的增加导致 δ_{vm}/δ_{hm}（绝对值）逐渐增加，当围护结构顶部位移 δ_{ht}/δ_{hm} 达到 0.489 后，顶部位移对地表沉降最大值的影响迅速减小。

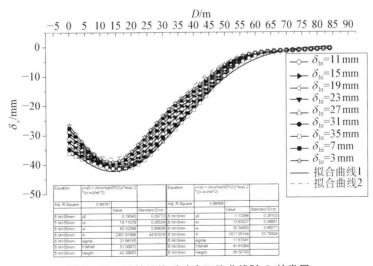

图 5 - 22 围护结构后地表沉降曲线随 δ_{ht} 的发展

117

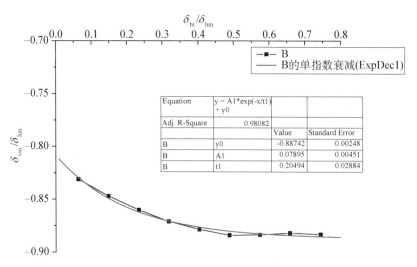

图 5‑23 δ_{vm}/δ_{hm} 随 δ_{ht}/δ_{hm} 的发展

通过对比,得到采用指数函数对 δ_{vm}/δ_{hm} 与 δ_{ht}/δ_{hm} 的关系进行拟合方差最小,公式如下:

$$\delta_{vm} = \left(0.078e^{-\frac{\delta_{ht}}{0.204\delta_{hm}}} - 0.887\right)\delta_{hm} \qquad (5-1)$$

δ_{ht}/δ_{hm} 对 δ_{vm}/δ_{hm} 的修正系数应结合不同的工程根据式(5‑1)计算,将实际工程的 δ_{ht}/δ_{hm} 的初值和实际监测 δ_{ht}/δ_{hm} 值代入公式,计算 δ_{vm}/δ_{hm} 值作为修正系数。

4) 围护结构底部水平位移 δ_{hb} 影响分析

计算基本模型为模型一(参见 5.3 节),只改变墙底水平位移 δ_{hb},其他条件不变,共计算了 8 个工况,即 δ_{hb} 为 0 mm、6 mm、12 mm、15 mm、21 mm、24 mm、27 mm、31 mm($0.66\delta_{hm}$),墙体最大水平位移均为 47 mm,深度位置均为 27 m。计算结果见图 5‑24、图 5‑25。

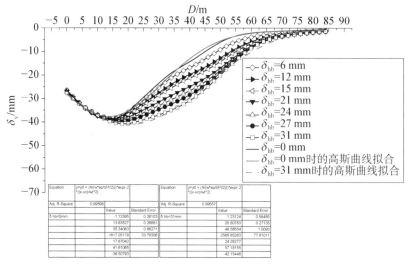

图 5‑24 围护结构后地表沉降随 δ_{hb} 的发展

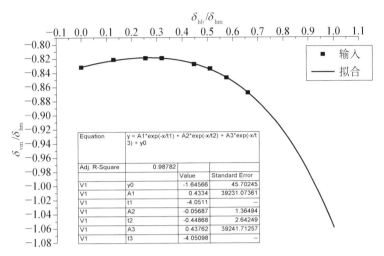

图 5-25 墙后地表沉降最大值随 δ_{hb}/δ_{hm} 的发展

如图 5-25 所示,在墙底水平位移较小时,地表沉降最大值几乎不受墙底水平位移的影响,在围护结构底部水平位移 δ_{hb} 达到 0.447δ_{hm} 后,墙底水平位移 δ_{hb} 的增加导致 δ_{vm}/δ_{hm}(绝对值)逐渐增加,即当墙底水平位移达到约 0.45 倍围护结构水平位移最大值后,墙底水平位移对于地表沉降最大值的影响迅速增加。

采用指数函数对 δ_{vm}/δ_{hm} 与 δ_{hb}/δ_{hm} 的关系进行拟合方差最小,公式如下:

$$\delta_{vm} = (-1.65 + 0.473e^{\frac{\delta_{hb}}{4.05\delta_{hm}}} - 0.06e^{\frac{\delta_{hb}}{0.45\delta_{hm}}})\delta_{hm} \qquad (5-2)$$

综合分析,当围护结构水平位移增加时,δ_{vm}/δ_{hm} 也增加,围护结构水平位移最大值增加对其影响最大。顶部位移和墙底位移的影响相当,两者不同的是,顶部位移在小于约 0.5δ_{hm} 前,对 δ_{vm}/δ_{hm} 的影响较大,大于 0.5δ_{hm} 后顶部位移的增加对 δ_{vm}/δ_{hm} 影响很小。而墙底位移大于约 0.45δ_{hm} 后对 δ_{vm}/δ_{hm} 的影响较大。

δ_{hb}/δ_{hm} 对 δ_{vm}/δ_{hm} 的修正系数应结合不同的工程根据式(5-2)计算,将实际工程的 δ_{hb}/δ_{hm} 的初值和实际监测值代入公式,计算 δ_{vm}/δ_{hm} 值作为修正系数。

5.5.2 D_{vm} 与 H_e 相关性分析

1. 地表沉降最大值位置 D_{vm} 与开挖深度 H_e 的相关性

在以往的相关研究中,大多将工程周围地表沉降最大值位置 D_{vm} 与其开挖深度 H_e 作为线性关系进行分析,如认为三角槽沉降之最大沉降位置发生在挡土壁顶端与地表交界处,或认为凹槽沉降的最大地表沉降发生在壁后 0.5 倍开挖深度(Nicholson,1987)。然而也有学者通过统计国际软土地区 38 个工程案例,得到在软土工程开挖中约有 47.6% 的 D_{vm}/H_e 小于 0.5,38.1% 为 0.5~1,15.3% 为 1~2(Zhu Xiaming,2007)。也有人认为周围地表沉降最大的位置与开挖深度的比值(D_{vm}/H_e)同开挖深度之间的关系可以用衰减的指数函数来拟合,开挖深度越浅(一般对应于中间工况),D_{vm}/H_e 反而越大,当开挖深度大于 16 m 后最大沉降的位置变化很小,并大致位于 $0.5H$ 处(徐中华,2007),他所统计的工程中大部分的周围地表沉降最大的位置介于 $0.4H$ 和 $1.5H$ 之间(包括中间工况),当只分析最终开挖工况时,地表沉降最大的位置一般不大于 $1.0H$。通过统计上海轨道交通多条线近百个车站中 182 个实测断面的数据资料,刘涛(2007)认为在 $0.5\sim0.6$ 之间的占到总数的 30%,$0.5\sim0.7$ 占到 41%,并根据上述实际统计资料加上多年来对上海地铁工程得出的经验关系,得出下面公式:

$$D_{vm} = 0.5 \sim 0.7H_e \tag{5-3}$$

当土中黏粒含量大于 50% 时,取 0.7;黏粒含量在 $20\%\sim30\%$ 时,取 0.5。

前面的研究中,大多认为软土地区 D_{vm}/H_e 在 $0.5\sim2$ 之间,但同一工程中开挖深度、软土的土性对 D_{vm}/H_e 有影响。

但 Ou 等(1993)通过观察台北地区深基坑的沉降曲线发现,地表沉降最大的位置不会随着开挖深度增加而增加。谢百钧等(1999)根据有限元素法参数研究指出,凹槽曲线的最大沉降位置可以 $0.3PIZ$(主要影响区域)表示,而 PIZ 在开挖一开始即已确定。这与在工程案例二中的监测结果相符。在工程案例二中共监测了 5 个测点,只有 1 个测点在开挖到 29.1 m 后 D_{vm} 由 10 m 增加为 20 m,其余均为距工程 10 m 处。但是这也可能是由于工程实际测量时,测点的布置难以全部捕捉整条沉降槽,从而只是对于最大沉降发生位置进行估计,而在两个测点之间最小间距也达到了 10 m。

本书将采用概率统计方法对包括这些文献和一些上海地区工程案例在内的共 282 个工程中的 D_{vm} 和 H_e 进行分析,给出其相关性,如图 5-26、图 5-27 所示。通过将上述全部的样本不加区分地统计,表现出来 D_{vm}/H_e 的离散性较大。因此进一步分析 D_{vm}/H_e 与 H_e 的相关性,可见采用如式(5-2)的递减指数函数来描述方差约为 0.547,采用如式(5-3)的递减指数函数来描述方差约为 0.565,参数见图 5-27。

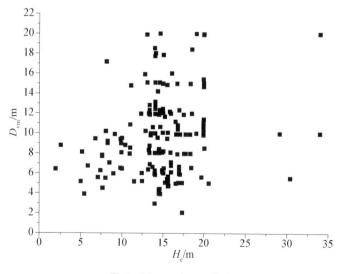

图 5-26 D_{vm} 与 H_e 关系

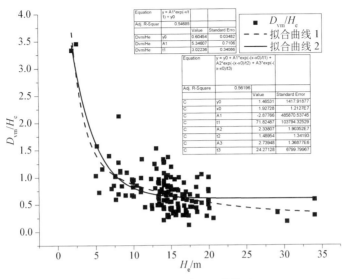

图 5‑27 D_{vm}/H_e 与 H_e 的关系

拟合公式如下:

$$y = y_0 + A_1 e^{\left(-\frac{x}{t_1}\right)} \tag{5-4}$$

$$y = y_0 + A_1 e^{\left(\frac{x-x_0}{t_1}\right)} + A_2 e^{\left(\frac{x-x_0}{t_2}\right)} + A_3 e^{\left(\frac{x-x_0}{t_3}\right)} \tag{5-5}$$

由此可见,无论是给定取值区间,还是给出拟合公式,对 D_{vm} 进行分析都不够准确和全面,在应用时会导致误差。因此下面对 D_{vm}/H_e 进行概率统计,分析其概率分布特征。

2. D_{vm}/H_e 概率分析

下面对 D_{vm}/H_e 的概率分布特征进行统计,见图 5‑28、图 5‑29。

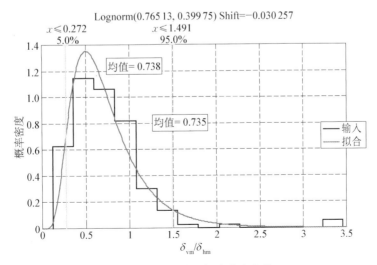

图 5‑28 D_{vm}/H_e 概率密度曲线

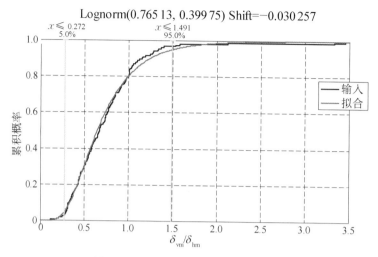

图 5‑29　D_{vm}/H_e 累积概率分布曲线

应用 @Risk 软件,通过假设检验,得到 D_{vm}/H_e 的概率分布的拟合函数排列第一位的是 Lognormal 函数,D_{vm}/H_e 概率密度最大的值是 0.5。该函数的方程和参数意义如下:

概率密度函数为

$$f(x) = \frac{1}{x\sqrt{2\pi}\sigma'} \mathrm{e}^{-\frac{1}{2}\left(\frac{\ln x - \mu'}{\sigma'}\right)^2} \tag{5-6}$$

累积概率分布函数为

$$F(x) = \phi\left(\frac{\ln x - \mu'}{\sigma'}\right) \tag{5-7}$$

其中,$\mu' \equiv \ln\left(\frac{\mu^2}{\sqrt{\sigma^2+\mu^2}}\right)$,$\sigma' \equiv \sqrt{\ln\left[1+\left(\frac{\sigma}{\mu}\right)^2\right]}$,$\phi(Z)$ 是标准正态分布函数的累积概率分布函数。

3. D_{vm} 影响因素正交分析

D_{vm} 影响因素的正交分析与 δ_{vm} 影响因素的正交分析是同一个计算过程的不同结果,因此计算模型和参数选择可参见 5.5.1 节。

通过正交设计分析,得到了如图 5‑30 所示的效果曲线图,各符号意义与表 5‑2 相同。从图中看出,因素 B 对围护结构后地表沉降最大值位置有最大的影响,围护结构后地表沉降最大值位置随围护结构水平位移最大值位置的增加而增加,而与其他参量的关系不十分明显。计算极差 R,可以看出各个因素对围护结构后地表沉降最大值位置的贡献主次顺序为:B—A—D—C,围护结构水平位移最大值位置起主导作用,其他对计算结果的影响相对较小。

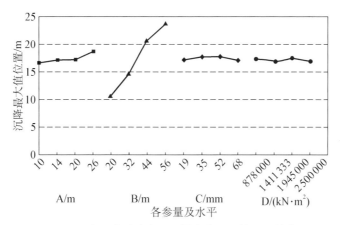

图 5-30　各因素对地表沉降最大值位置的贡献效应图

从方差分析来看,见表 5-5,因素 B 在 $\alpha = 0.002$ 的水平上显著,表明围护结构水平位移最大值位置对围护结构后地表沉降最大值有巨大影响;因素 A 在 $\alpha \approx 0.05$ 的置信水平上显著,表明极差分析结果可靠,最大软土层厚度对围护结构后地表沉降最大值位置有影响;因素 C、D 在 $\alpha = 0.5$ 的置信水平上才显著,说明其对围护结构后地表沉降最大值位置影响不大。

表 5-5　　　　　　　　　　　　　正交试验分析结果

方差	因素			
	A	**B**	**C**	**D**
K_1	16.5	10.5	17	17.5
K_2	17	15.5	17.5	17
K_3	17	20.5	17.5	17.5
K_4	18.5	23.5	17	17
极差 R	2	13	0.5	0.5
F 值	9	411	1	1
P 值	0.052	0.002	0.5	0.5

4. D_{vm}/H_e 影响因素分析

1)围护结构水平位移最大值

计算模型与 5.5.1 节所述的围护结构水平位移最大值对 δ_{vm}/δ_{hm} 参数敏感度分析时相同,得到 D_{vm}/H_e 计算结果如图 5-31 所示。

由图 5-31 可见,共计算了 8 个工况,沉降最大处均是距工程 14 m 处。通过数值分析可见,当仅是围护结构水平位移增加时,它对于地表沉降最大值发生的位置几乎没有影响。

2)围护结构水平位移最大值位置

计算模型与 5.5.1 节所述围护结构水平位移最大值位置对 δ_{vm}/δ_{hm} 参数敏感度分析时相同,得到围护结构水平位移最大值位置与 D_{vm}/H_e 关系的计算结果如图 5-32 所示。

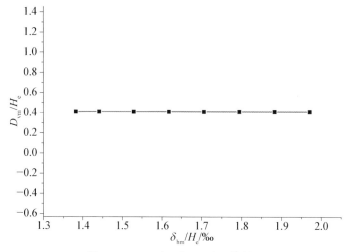

图 5 - 31　D_{vm}/H_e 与 δ_{hm}/H_e 的关系

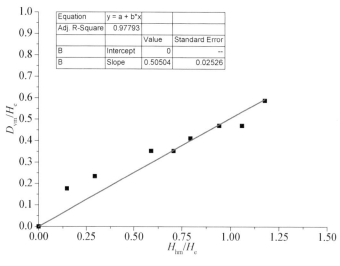

图 5 - 32　D_{vm}/H_e 与 H_{hm}/H_e 的关系

由计算结果可见,地表沉降最大值的位置随着围护结构水平位移的深度位置的增加而增加,基本呈线性关系,关系式如下:

$$D_{vm}/H_e = 0.505 H_{hm}/H_e \tag{5-8}$$

3) 围护结构顶部水平位移 δ_{ht}

计算模型与 5.5.1 节所述的围护结构顶部水平位移对 δ_{vm}/δ_{hm} 参数敏感度分析时相同,得到 D_{vm}/H_e 计算结果如图 5 - 33 所示。

由计算结果可见,地表沉降最大值的位置与围护结构顶部水平位移关系不大,有随着顶部水平位移增加逐渐向远离工程方向发展的趋势,但是变化较小。

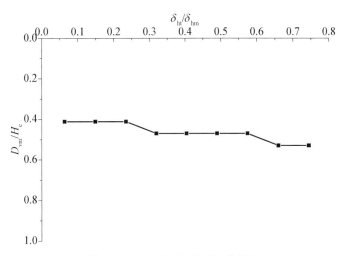

图 5-33 D_{vm}/H_e 与 δ_{ht}/δ_{hm} 的关系

4）围护结构底部水平位移 δ_{hb}

计算模型与 5.5.1 节所述的围护结构底部水平位移对 δ_{vm}/δ_{hm} 参数敏感度分析时相同，得到计算结果如图 5-34 所示。

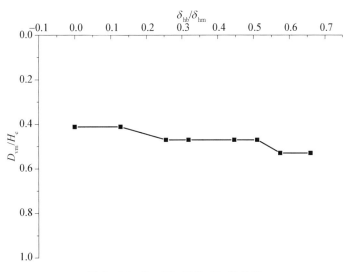

图 5-34 D_{vm}/H_e 与 δ_{hb}/δ_{hm} 的关系

由图可见，地表沉降最大值的位置与围护结构顶部水平位移关系不大，有随着底部水平位移增加逐渐向远离工程方向发展的趋势，但是变化较小。

5.5.3 D_v 与 H_e 相关性分析

1. 周围地表沉降影响范围 D_v 与开挖深度 H_e 的关系

沉降影响范围曾被建议为（2～3）H_e（Peck，1969），而后有些学者建议砂土层开挖的沉降

影响范围为 $2H_e$，坚硬至非常坚硬黏土层的沉降影响范围为 $3H_e$，软弱—中等软弱黏土层的影响范围为 $2H_e$(Clough & O'Rourke，1990)。有些研究认为沉降的影响范围可能相当远，但不论是三角槽或凹槽式沉降，都包含主要影响区(Primary Influence Zone，PIZ)及次要影响区(Secondary Influence Zone，SIZ)，见图 5-35(Hsieh 等，1998)。在 PIZ 内的沉降曲线斜率较陡，对建筑物的影响较大，在 SIZ 内的沉降曲线斜率较缓，对建筑物影响较小，而 SIZ 的范围约等于 PIZ 的范围。本书计算得到的影响范围位于主要影响区 PIZ。

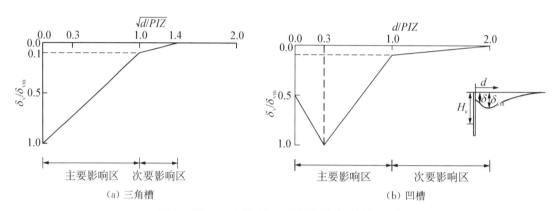

图 5-35 Ou & Hsieh 地表沉陷影响区域(2000)

根据土壤受力行为可知，PIZ 是开挖的潜在破坏区，而在一般的情况下，开挖的破坏可以分为内挤破坏及底面隆起破坏，所以 PIZ 值可以用下列两种方式决定：

$PIZ_1 = \min(2H_e, H_g)$，其中 H_e 是开挖深度，H_g 是坚硬土层深度；

$PIZ_2 = \min(H_f, B)$，其中 H_f 是软弱黏土层底部的深度，B 是开挖宽度。

由于 PIZ_1 与 PIZ_2 均是可能的开挖破坏潜能区，所以 PIZ 为两者中的最大者。

根据分析台北地区若干工程，认为围护结构后沉降的影响范围大致介于 $0.414H_e$ 和 $1.0H_e$ 之间，且围护结构后沉降的影响范围大致可用以下公式计算：

$$AIR = (H_e + D)\tan(45° - \varphi/2) \tag{5-9}$$

其中，H_e 为开挖深度，D 为围护结构在坑底以下部分的深度，$(H_e + D)$ 即为围护结构的深度；φ 为土层的内摩擦角。

国内一些学者认为，在采用地层损失法估算周围地表沉降时认为地表沉降影响范围亦采用式(5-9)来计算(刘建航等，1997)。徐中华(2007)通过分析上海地区工程案例发现，支护结构与主体地下结构相结合的工程与采用常规顺作法的工程相似，D_v/H_e 与开挖深度的关系可以用衰减的指数函数来拟合，开挖深度越小(一般对应于中间工况)，则 D_v/H_e 反而越大；且当只统计最后开挖工况时，支护结构与主体地下结构相结合的工程的沉降影响范围一般不大于 $3.0H_e$，而常规顺作法工程的沉降影响范围一般不大于 $3.5H_e$，中间工况和最后工况的沉降影响范围亦存在差别。上海地区常规顺作法工程的影响范围稍大于 Peck 和台湾地区的统计结果。

本书采用 5.3 节所述计算模型一,分别计算工程开挖深度为 15.05 m、19.05 m、29.1 m、34 m 等四种工况,研究地表沉降影响范围与开挖深度的关系。结果如图 5-36 所示。

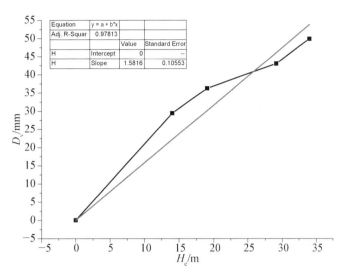

图 5-36 围护结构后地表沉降影响范围与开挖深度的关系

由数值分析结果可见,在理想状态下,当围护结构深度等参数不变的情况下,只改变工程开挖深度,其影响范围还是在发生改变的。图 5-36 的计算结果采用线性公式拟合为

$$D_v = 1.58H_e \tag{5-10}$$

拟合方差为 0.978,表示在这个算例中,表现出 D_v 与 H_e 呈线性关系,计算得 D_v/H_e 比值在 Peck 估计的范围之内,小于徐中华给出该值的范围。

2. D_v 影响因素正交分析

D_v 影响因素的正交分析与 δ_{vm}/δ_{hm} 影响因素的正交分析是同一个计算过程的不同结果,因此计算模型和参数选择可参见 5.5.1 节。

通过正交设计分析,得到了如图 5-37 所示的效果曲线图,各符号意义与对 δ_{vm} 分析时相同。从图中看出,因素 C 对围护结构后地表沉降最大值位置有最大的影响,影响范围随围护结构水平位移最大值的增加而增加;与围护结构水平位移最大值位置的关系也不可小视,影响范围随围护结构水平位移最大值位置的增大而增加。通过极差 R,可以看出各个因素对围护结构后地表沉降最大值位置的贡献主次顺序为:C—B—D—A,围护结构水平位移最大值起主要作用。

从方差分析来看,因素 B 在 $\alpha = 0.026$ 的水平上显著,因素 C 在 $\alpha \approx 0.034$ 的置信水平上显著,表明围护结构水平位移最大值和围护结构水平位移最大值位置对 D_v 均有影响;因素 A、D 在 $\alpha = 0.5$ 的置信水平上才显著,说明其对围护结构后地表沉降最大值位置影响不大,可以忽略其作用效果。如表 5-6 所示。

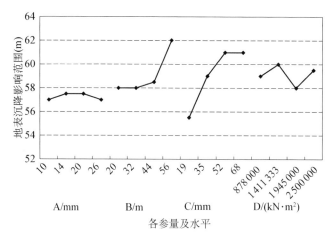

图 5-37 无建筑物条件各因素对沉降曲线影响范围的贡献效应图

表 5-6 正交试验分析结果

方差	因素			
	A	B	C	D
K_1	57	55.5	58	59
K_2	57.5	59	58	60
K_3	57.5	61	58.5	58
K_4	57	61	62	59.5
极差 R	0.5	5.5	4	2
F 值	1.84	9.42	7.74	3.76
P 值	0.285	0.026	0.034	0.114

3. D_v/H_e 影响因素分析

1）围护结构水平位移最大值影响分析

计算模型与 5.5.1 节所述的围护结构水平位移最大值对 δ_{vm}/δ_{hm} 参数敏感度分析时相同，得到围护结构水平位移最大值与 D_v/H_e 关系计算结果如图 5-38 所示。

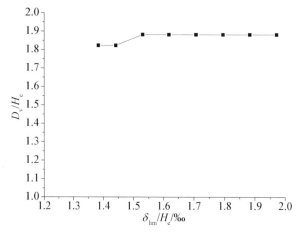

图 5-38 地表沉降影响范围与围护结构水平位移最大值关系

2）围护结构水平位移最大值位置影响分析

计算模型与 5.5.1 节所述的围护结构水平位移最大值位置对 δ_{vm}/δ_{hm} 参数敏感度分析时相同,得到围护结构水平位移最大值位置与 D_v/H_e 关系计算结果如图 5－39 所示。

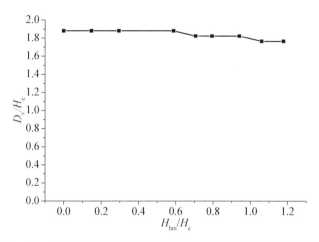

图 5－39　地表沉降影响范围与围护结构水平位移最大值位置关系

3）围护结构顶部水平位移影响分析

计算模型与 5.5.1 节所述的围护结构顶部水平位移对 δ_{vm}/δ_{hm} 参数敏感度分析时相同,得到围护结构顶部水平位移与 D_v/H_e 关系计算结果如图 5－40 所示。

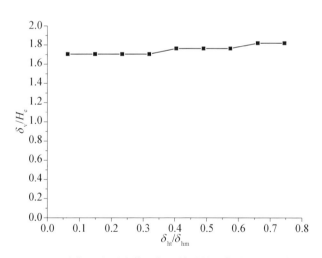

图 5－40　地表沉降影响范围与围护结构顶部水平位移的关系

由图 5－40 可见,顶部水平位移的增加使围护结构后地表沉降的影响范围也呈阶梯状扩大,两者的发展规律一致,当最大值位置变化时影响范围也扩大。

4）围护结构底部水平位移影响分析

计算模型与 5.5.1 节所述的围护结构底部水平位移对 δ_{vm}/δ_{hm} 参数敏感度分析时相同,得到围护结构底部水平位移 δ_{hb}/δ_{hm} 与 D_v/H_e 的关系计算结果如图 5-41 所示。

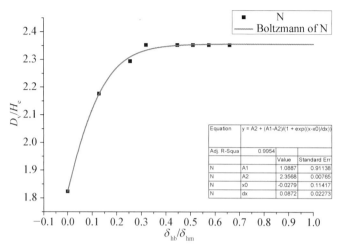

Equation	y = A2 + (A1-A2)/(1 + exp((x-x0)/dx))	
Adj. R-Squa	0.9954	
	Value	Standard Err
N	A1	1.0887	0.91138
N	A2	2.3568	0.00765
N	x0	-0.0279	0.11417
N	dx	0.0872	0.02273

图 5-41　地表沉降影响范围与围护结构底部水平位移关系

由图 5-39—图 5-41 可见,围护结构变形对于围护结构后地表沉降影响范围作用最大的是围护结构底部水平位移的增加。其余因素中,围护结构水平位移最大值位置对于围护结构后地表沉降影响范围的作用较大,其余因素影响并不大。

根据数值分析结果,墙底位移与地表沉降影响范围的关系可以用以下公式进行拟合:

$$D_v = \left[2.357 - 1.218\left(1 + e^{\frac{\delta_{hb}+0.028\delta_{hm}}{0.087\delta_{hm}}}\right)\right]H_e \qquad (5-11)$$

在本书的计算条件下,墙底位移与地表沉降影响范围的修正系数 Q_2 为
当 $\delta_{hb}/\delta_{hm} < 0.325$ 时,$Q_2 = 1.608$;
当 $\delta_{hb}/\delta_{hm} \geq 0.325$ 时,$Q_2 = 1$。

5.6　深开挖对建筑物倾斜影响因素分析

前文已介绍,对深开挖工程系统来说,围护结构后天然地面沉降情况是基本地表沉降模型,在有建筑物影响的范围,一些因素,如建筑物位置、建筑物长高比或荷载等,会对基本地表沉降曲线产生不同的影响。

但是目前的建筑物安全性评估及损坏风险评价体系中,一般都是基于围护结构变形引起的天然地面沉降曲线形态,并将其作用于建筑物(即假定建筑物产生了与地面相同的位移),然后对建筑物的受力及变形状况进行分析,评价其结构损坏的安全等级。这样的做法忽略了建筑物与土体在工程开挖影响下的相互作用,因此,应该考虑这些因素,分析受工程开挖影响的建筑物地基倾斜度。本书以建筑物地基倾斜修正系数 S 来表征建筑物所受的影响,并分析围护结构外地表沉降曲线的影响因素对建筑物地基倾斜度 β 和建筑物地基倾斜修正系数 S 的

作用。

建筑物地基倾斜度 β 指建筑物两点的沉降差与其距离的比值,即 $\beta = \delta/L$。建筑物地基倾斜修正系数 S 这个参数,主要指同样条件下有建筑物存在地表沉降与基本地表沉降曲线中,建筑物位置下地基土体倾斜量之比。

5.6.1 建筑物位置影响分析

1. 有砖混建筑物时 D_b 对 β 的影响

计算模型参见 5.3 节基本模型二,只改变建筑物距工程围护结构的距离 D_b,其他条件不变。计算了 5 种工况,$D_b < D_{vm}$,$D_b + L \leqslant D_v$,$D_b + L \leqslant D_v$ 但 $D_b + L + \frac{1}{3}L \geqslant D_v$,$D_b + L > D_v$,$D_b > D_v$,其中,$D_{vm}$ 为墙后为天然地面时地表沉降曲线的最大值位置,D_v 为墙后为天然地面时地表沉降曲线的影响范围。建筑物 D_b 位于不同区域时,β 值有不同的特点。墙体最大水平位移均为 47 mm,其深度位置均为 27 m。建筑物高 2 层,长 18 m,高 6 m。计算结果见图 5 - 42—图 5 - 44(其中使建筑物产生朝向工程的倾斜时 β 为正,背离工程的倾斜时 β 为负)。

计算结果由图 5 - 42—图 5 - 44 可见以下几点:

(1) D_b 为 5 m 建筑物位于 I 区,即 $D_b < D_{vm}$ 时,建筑物横跨无建筑地表沉降曲线的最大值位置,建筑物倾向于围护结构,且略呈"凹"形弯曲。同样其他条件不变时,此时建筑物地基倾斜度最大,风险最大。

(2) D_b 建筑物位于 II 区,即 $D_v > D_b > D_{vm}$ 时,分为三种情况:

① D_b 为 20 m,$D_b + L \leqslant D_v$,建筑物长 L,建筑物位于地表沉降曲线的朝向工程倾斜的一面,建筑物可能倾向于工程内,也可能倾向于围护结构,但同样其他条件不变时,此时建筑物地基倾斜度较大,但小于 $D_b < D_{vm}$ 时。

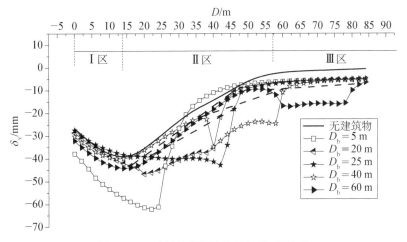

图 5 - 42　墙后地表沉降曲线与 D_b 相关性

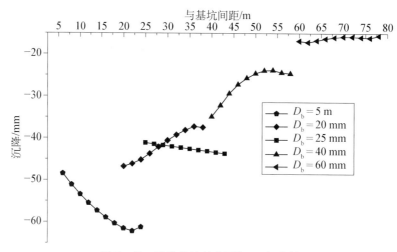

图 5 - 43　建筑物地基变形与 D_b 相关性

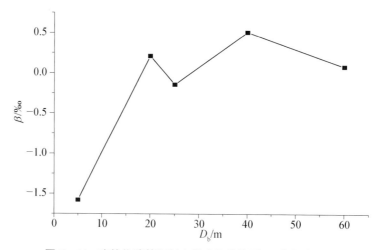

图 5 - 44　建筑物地基倾斜度随建筑物位置 D_b 变化的发展

② D_b 为 25 m，$D_b + L \leqslant D_v$，但 $D_b + L + \frac{1}{3}L \geqslant D_v$，虽然建筑物在 Ⅱ 区，但建筑物影响范围跨越无建筑物地表沉降槽"凸"部反弯点，建筑物倾向围护结构。

③ $D_b + L > D_v$，建筑物横跨 Ⅱ 区和 Ⅲ 区，建筑物地基倾斜度较大，且略呈"凸"形弯曲。

（3）D_b 建筑物位于 Ⅲ 区，即 $D_b > D_v$，建筑物横跨地表沉降曲线的朝向工程倾斜的一面，建筑物倾向于工程内，且同样其他条件不变时，此时建筑物地基倾斜度最小。

建筑物对基本沉降曲线的影响，一般可分为两种情况，当建筑物位于基本地表沉降曲线影响范围之内时（即 Ⅰ、Ⅱ 区），建筑物对于地表沉降的影响很大，此时地表沉降最大值一般为建筑物下部土体；当建筑物位于基本地表沉降曲线影响范围之外时（即 Ⅲ 区），建筑物对地表沉降曲线的影响在沉降较大的区域之外，虽然建筑物下土体的沉降较无建筑物时大，但是地表沉降曲线上的最大值仍位于无建筑物时地表沉降曲线的最大值位置处。此外,可见建筑物的影响基本上在 6 m(1/3 建筑物长度)范围内。

2. 有框架建筑物时 D_b 对 β 的影响

计算模型参见 5.3 节基本计算模型三,只改变建筑物距工程的距离 D_b,其他条件不变,共计算了 4 种工况,即 D_b 为 5 m、20 m、40 m、60 m,取值依据与砖混建筑物相同。墙体最大水平位移均为 47 mm,深度位置均为 27 m。建筑物高 9 层,长 18 m,高 27 m。计算结果见图 5-45、图 5-46。

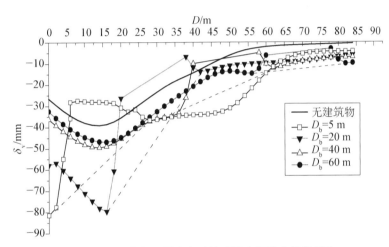

图 5-45　建筑物位置改变对墙后地表沉降曲线的影响

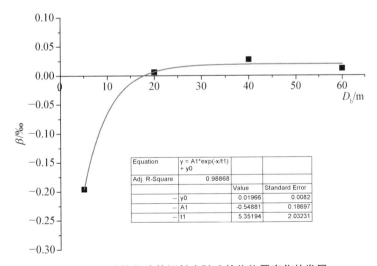

图 5-46　建筑物地基倾斜度随建筑物位置变化的发展

当 $D_b \leqslant D_{vm}$,即 D_b 为 5 m 时,工程开挖对建筑物的影响很大,相比其他工况,建筑物的倾斜度最大为 $-0.19‰$。

当 $D_b + L \leqslant D_v$ 时，即 D_b 为 5 m、20 m，由于建筑物下桩基的作用，建筑物与工程围护结构之间的土体受到桩基遮拦效应的影响，虽然整体沉降较无建筑物时大很多，但与砖混建筑物相比，框架建筑物倾斜度均较小。而建筑物以外的土体则相对建筑物与围护结构之间的土体沉降较小，沉降最大值位于建筑物作用范围内。

其他几个工况中，框架底部桩基的作用比较明显，当 $D_b + L > D_v$ 时建筑物对地表沉降曲线的影响在沉降较大的区域之外，建筑物对地表沉降曲线影响较小，由于距围护结构较远，桩基的遮拦效应较小，建筑物作用范围内沉降值与周围地表沉降差别不明显。地表沉降曲线上的最大值仍位于基本地表沉降曲线的最大值位置处。

参考砖混结构可见，建筑物与基本地表沉降曲线的相对位置是会对建筑物地基倾斜产生影响的，但在本书中框架建筑物距工程 40 m 以后，建筑物的倾斜度就相对很小了，可能是由于本书计算所采用的框架建筑物基础埋置较深（−6 m），受地表沉降影响较小。

总体来说，建筑物作用范围内的土体沉降均大于无建筑物作用范围内的土体，建筑物的影响基本上在 6 m（1/3 建筑物长度）范围内；而框架＋桩基建筑物作用导致建筑物与围护结构之间土体沉降增加很大。

3. D_b 对地基倾斜度修正系数 S 的影响

对于砖混建筑物和框架建筑物，地基倾斜度受建筑与工程间距影响分析的计算结果，与天然地表建筑物地基对应位置的地表土体倾斜度相比可得以下结果，如图 5-47 所示。

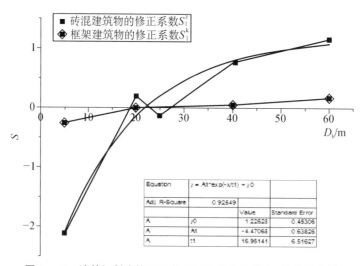

图 5-47 地基倾斜度修正系数 S 随建筑物位置 D_b 变化的发展

砖混建筑物位置对地基倾斜度修正系数符合指数分布，说明距离工程越远，修正系数越来越接近 1，倾斜方向由倾向坑内变为倾向坑外。但是由前面的分析可见，建筑物位置对建筑物地基倾斜的影响主要取决于其与无建筑物地表沉降Ⅰ、Ⅱ、Ⅲ区域的相对位置。据此给出修正系数，如表 5-7 所示。

表 5－7 D_b 对建筑物地基倾斜度修正系数

	$D_b \leqslant D_{vm}$	$D_b + L \leqslant D_v$		$D_b + L > D_v$	$D_b > D_v$
		$D_b + \frac{4}{3}L < D_v$	$D_b + \frac{4}{3}L \geqslant D_v$		
S_i^z	-2.136	0.195	-0.145	0.776	1.164
S_i^k	-0.265	0.006		0.042	0.170

修正系数的数值是根据本次计算结果初步选取,可以根据具体工程进行调整。在同一区间内其他 D_b 的修正系数可通过更多计算进行完善,采用差值方法选取。

5.6.2 建筑物长高比和荷载影响分析

1. 临近砖混建筑物时建筑物长高比和荷载对 β 的影响

以往的研究大多表明,在结构方案相同的情况下,建筑物的长高比将直接影响建筑物的刚度和调整不均匀沉降的能力。在讨论由于地基不均匀沉降造成房屋破坏时,提出建筑物的长高比是衡量砖墙承重结构建筑物刚度的主要指标,建筑物长高比越小,其整体刚度越大,调整不均匀沉降的能力就越强;反之,长高比越大,整体刚度越小,调整不均匀沉降的能力也就越弱。通过对软土地区数十栋建筑物的实地调查发现(陆承铎,2000):

(1) 长高比小于 2.5,最大沉降量小于 12 cm 的建筑物均不出现裂缝;

(2) 长高比在 2.5～3.0 之间,多数建筑物不出现裂缝,少数出现裂缝的建筑物一般无圈梁,与长高比无关;

(3) 长高比大于 3.0,最大沉降量大于 12 cm 时,建筑物极易出现裂缝。

当然对于某一建筑物而言,其结构刚度大小取决于截面刚度和构件刚度,结构方案不同,房屋所表现出的刚度也不同。但本书研究的主要是建筑物刚度对于研究结果的作用,而不是研究建筑物的刚度如何计算,所以只通过改变长高比来体现建筑物刚度的改变就可达到研究目的。而且在实际工程中,也很难通过计算建筑的刚度分析其对墙后地表沉降的影响,而通过建筑物的长高比来判断将更加方便实用,所带来的误差也在可接受范围内,因此对于框架建筑物和砖混建筑物的研究均采用这一思路。同时,当建筑物长度不变时,仅改变建筑物层数其总荷载也随之改变,可得到建筑物荷载的影响。

计算模型参见 5.3 节基本计算模型二,建筑物长 18 m 不变,只改变建筑物高度,共计算了 5 个工况,即常见的 1、2、3、5、7 五种楼层的"砖混＋条基"建筑物,层高均为 3 m。围护结构最大水平位移均为 47 mm,其深度位置均为 27 m。建筑物距工程 5 m,建筑物位于与工程相互作用最强的范围内,使计算结果能够更敏感地反映各因素的影响。计算结果如图 5-48、图 5-49 所示。

由计算结果可见,随着建筑物层数的增加,建筑物长高比减小(刚度增加),建筑物荷载逐渐增加,建筑物地基倾斜度逐渐增加。而建筑物刚度的增加应该使 β 减小,建筑物荷载的增加

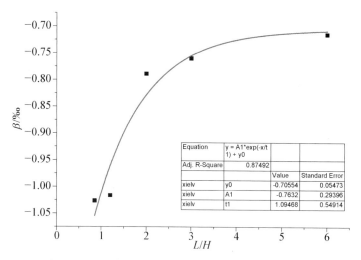

图 5-48 建筑物地基倾斜度随建筑物长高比的发展

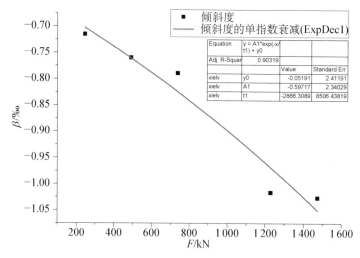

图 5-49 建筑物地基倾斜度随建筑物荷载的发展

应使 β 逐渐增加,计算结果与建筑物荷载对地基倾斜度的作用规律相符,说明对建筑物的地基倾斜度,建筑物荷载的作用占主导地位。

2. 临近框架建筑物时长高比和荷载对 β 的影响

以 5.3 节中基本模型三为基础,其他条件不变,共计算了 4 个工况,计算常见的地上 7、10、13、15 四种楼层的框架房屋,包括两层地下室,层高为 3 m。建筑物距工程围护结构 5 m,计算结果如图 5-50、图 5-51 所示,可见随着楼层数的增加,L/H 减小,建筑物刚度增大,建筑物荷载 F 增加,建筑物的地基倾斜度也逐渐减小,在本计算条件下,框架建筑物与砖混建筑物不同,H/L 对建筑物地基倾斜度的影响占主导,拟合公式如下:

$$\beta = -1.39 - 0.59e^{-H/2.28L} \tag{5-12}$$

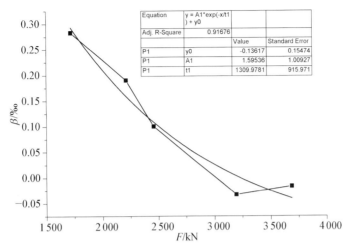

图 5 - 50　建筑物荷载 *F* 与 *β* 的关系

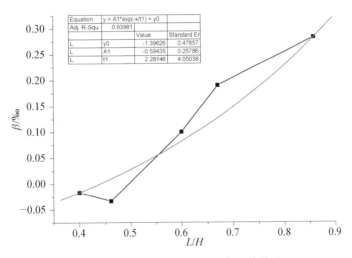

图 5 - 51　建筑物长高比 *L/H* 与 *β* 的关系

3. 建筑物长高比和荷载对建筑物地基倾斜度的修正系数 S 的影响

由前面的分析可见,当建筑物长度不变,而高度增加来计算建筑物对地基倾斜度的影响时,建筑物的荷载和其长高比对 S 的作用是相反的。

(1) 对于砖混建筑物:建筑物的荷载和其长高比综合作用后的体现是与荷载的作用相一致的,可见建筑物荷载的影响是主要的。建筑物荷载对修正系数的影响见图 5 - 52(a)。修正系数为正表示两者倾斜方向相同,修正系数为负表示两者倾斜方向相反。

建筑物荷载对砖混建筑物地基倾斜度的修正系数符合指数分布,公式如下:

$$S_2^z = -0.07 - 0.8e^{F/2\,866} \tag{5-13}$$

(2) 对于框架＋桩基结构形式的建筑物:建筑物的荷载和其长高比综合作用后的体现是与长高比的作用相一致的,可见建筑物长高比的影响是主要的。建筑物长高比对修正系数的影响见图 5-52(b)。

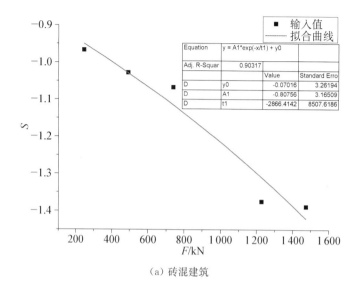

（a）砖混建筑

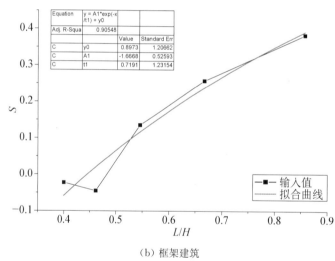

（b）框架建筑

图 5-52　地基倾斜度修正系数随建筑物荷载和长高比变化的发展

建筑物长高比对框架建筑物地基倾斜度的修正系数符合指数分布,公式如下:

$$S_2^k = 0.89 - 1.67e^{-H/0.79L} \tag{5-14}$$

式(5-14)是建立在本次计算上的,可以根据具体工程进行完善。

5.6.3　不同刚度建筑物与围护结构变形影响分析

1. 围护结构变形对砖混建筑物 β 的影响

计算模型参见 5.3 节基本计算模型二。

1) 围护结构水平位移最大值的影响

计算 4 种围护结构水平位移最大值 δ_{hm}，分别为 47 mm、52 mm、58 mm、64 mm，每间隔 6 mm 为一个工况，其他条件不变。

由计算结果(图 5－53)可见，对于砖混建筑物作用下的墙后土体，其他条件不变时，δ_{hm}/H_e 与建筑物的地基倾斜度基本呈线性关系。可以用如下公式拟合：

$$\beta = -0.52\delta_{hm}/H_e \qquad (5-15)$$

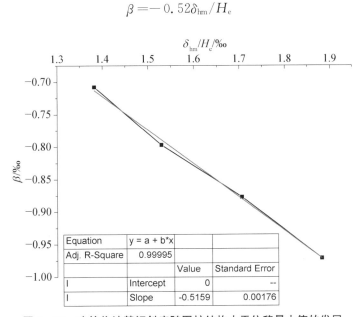

图 5－53 建筑物地基倾斜度随围护结构水平位移最大值的发展

2) 围护结构水平位移最大值位置的影响

H_{hm} 分别取 0 m、－5 m、－15 m、－20 m、－27 m、－36 m 共 6 个工况进行计算，计算工况包括"倒三角形"(0 m)和"抛物线形"围护结构变形模式。对于"抛物线形"变形模式中，主要依据第 3 章对于上海地区围护结构变形统计结果，根据天然地表沉降计算结果，选择围护结构水平位移最大值从 $0.441H_e$(－15 m)变化至 $1.059H_e$(－36 m)。此外为对比分析还增加了 H_{hm} 为－5 m 的情况。

由计算结果(图 5－54、图 5－55)可见，在计算工况 $D_b < D_{vm}$ 时，随着 H_{hm} 逐渐靠向坑底，建筑物的地基倾斜度逐渐变负值，建筑物的倾斜方向由朝向工程变为背离工程。存在一个阈值，当 H_{hm}/H_e 达到这个值后，建筑物的地基倾斜度会改变方向。当 H_{hm}/H_e 约为 0.45 时，建筑物由朝向工程变为背离工程，H_{hm}/H_e 约为 0.52 时建筑物的地基倾斜度约为 0，而后一直保持背离工程方向，倾斜量越来越大，且发展较快。

对图 5－55 的计算结果拟合如下：

$H_{hm}/H_e < 0.45$ 时，$\qquad \beta = 0.432 - 0.39\dfrac{H_{hm}}{H_e} \qquad (5-16)$

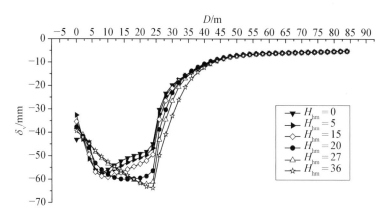

图 5‑54　墙后地表沉降曲线随 H_{hm} 的变化

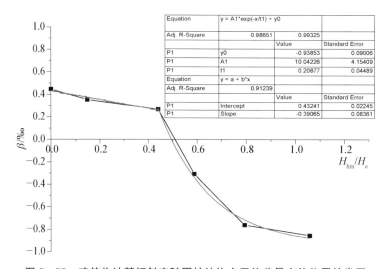

图 5‑55　建筑物地基倾斜度随围护结构水平位移最大值位置的发展

$H_{hm}/H_e \geqslant 0.45$ 时，　　　　$\beta = -0.94 + 10.04 e^{-H_{hm}/0.2H_e}$ 　　　　　　　　（5‑17）

3）围护结构顶部水平位移的影响

共计算了 9 个工况，即 δ_{ht} 为 3 mm、7 mm、11 mm、15 mm、19 mm、23 mm、27 mm、31 mm、35 mm。墙体最大水平位移保持 47 mm，其深度位置均为 27 m。δ_{ht} 与 β 的关系计算结果见图 5‑56、图 5‑57。

对于砖混建筑物作用下的墙后土体，其他条件不变时，δ_{ht}/δ_{hm} 与 β 基本呈指数关系，δ_{ht}/δ_{hm} 增加 β 减小，工程偏于安全。可以用如下公式表述：

$$\beta = -0.745 + 0.000\ 3 e^{\delta_{ht}/0.107\delta_{hm}}\qquad\qquad(5\text{-}18)$$

4）围护结构底部水平位移的影响

共计算了 8 个工况，即 δ_{hb} 为 0 mm、6 mm、12 mm、15 mm、21 mm、24 mm、27 mm、31 mm（$0.66\delta_{hm}$）。墙体最大水平位移均为 47 mm，深度位置均为 27 m。如图 5‑58、图 5‑59 所示。

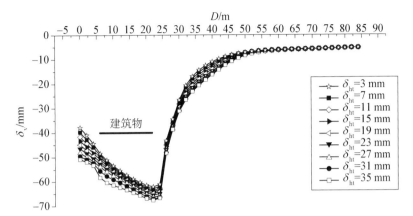

图 5 - 56 地表沉降曲线随 δ_{ht} 的发展

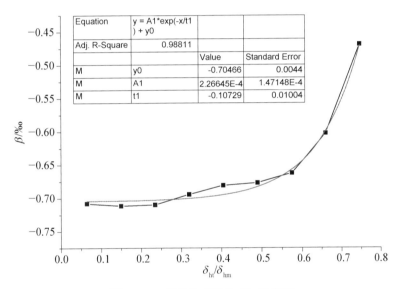

图 5 - 57 建筑物 β 随 δ_{ht}/δ_{hm} 的发展

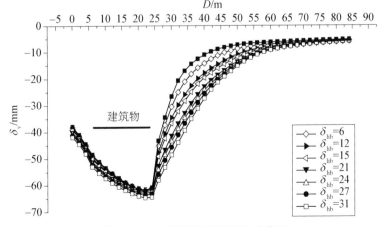

图 5 - 58 地表沉降曲线随 δ_{hb} 的发展

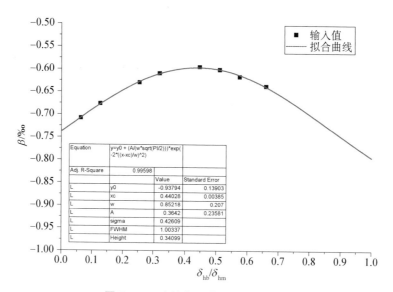

图 5-59 建筑物 β 随 δ_{hb}/δ_{hm} 的发展

由图 5-58、图 5-59 可见，对于砖混建筑物作用下的墙后土体，其他条件不变时，δ_{hd}/δ_{hm} 与 β 的关系符合高斯曲线关系。可以用如下公式表述：

$$\beta = -0.938 + \frac{0.364}{0.852\sqrt{\dfrac{\pi}{2}}} \mathrm{e}^{-2\frac{(\delta_{hd}/\delta_{hm}-0.44)^2}{0.852^2}} \tag{5-19}$$

2. 围护结构变形对框架建筑物 β 的影响

基本计算模型参见 5.3 节基本计算模型三。

1）围护结构水平位移最大值的影响

计算中的围护结构水平位移最大值与前面计算对砖混建筑物 β 的影响时相同。计算结果见图 5-60。

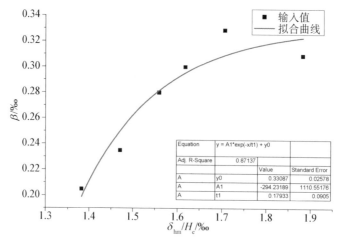

图 5-60 围护结构水平位移最大值与 β 的关系

围护结构水平位移最大值 δ_{hm}/H_e 与 β 的关系基本符合递增的指数关系,可用指数函数拟合如下:

$$\beta = 0.33 - 294.23 e^{-0.179\delta_{hm}/H_e} \tag{5-20}$$

2)围护结构水平位移最大值位置

围护结构水平位移最大值位置取值与前面计算对砖混建筑物 β 的影响时相同。

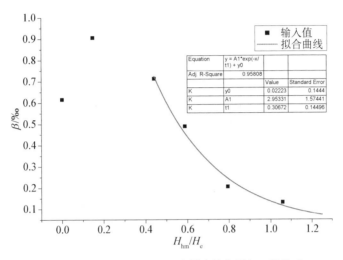

图 5 - 61　围护结构水平位移最大值位置与 β 的关系

根据 H_{hm}/H_e 值的统计结果,95%以上的样本都大于 0.4,本书 H_{hm}/H_e 为 0.2 的情况是为了探索极限情况,因此,主要对 $H_{hm}/H_e > 0.4$ 的情况采用函数拟合如下:

$$\beta = 0.02 + 2.95 e^{-\frac{H_{hm}/H_e}{0.307}} \quad (\text{其中 } H_{hm} \geqslant 0) \tag{5-21}$$

3)围护结构顶部水平位移

δ_{ht}/δ_{hm} 取值与前面计算对砖混建筑物 β 的影响时相同。计算结果见图 5 - 62。

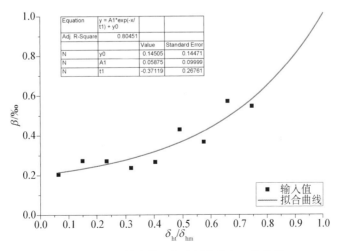

图 5 - 62　围护结构顶部水平位移与 β 的关系

δ_{ht}/δ_{hm} 与 β 的关系基本符合递增的指数关系,在 δ_{ht}/δ_{hm} 较小时(小于 0.404),β 随 δ_{ht}/δ_{hm} 的变化改变较小,当 δ_{ht}/δ_{hm} 较小时(大于 0.404),β 随 δ_{ht}/δ_{hm} 的变化改变较大,可用函数拟合如下:

$$\beta = 0.145 + 0.058 e^{\delta_{ht}/0.371\delta_{hm}} \tag{5-22}$$

4)围护结构底部水平位移

围护结构水平位移最大值取值与前面计算对砖混建筑物 β 的影响时相同。计算结果详见图 5-63,由计算结果可见,墙底位移增加使地表沉降槽距工程远端的土体下沉量增加,使得建筑物的倾斜方式由朝向工程逐渐变为背离工程,而后当墙底位移过大($\delta_{hb} = 0.57\delta_{hm}$)时,整个地表沉降槽影响范围扩大,建筑物倾斜方式又调整为朝向工程。本次计算的基本模型中 $D_b < D_{vm}$,对地基倾斜度与 δ_{hb}/δ_{hm} 的关系拟合如下:

$\delta_{hb} \leqslant 0.57\delta_{hm}$ 时, $\qquad\beta = 0.26 - 0.59\delta_{hb}/\delta_{hm} \tag{5-23}$

$\delta_{hb} > 0.57\delta_{hm}$ 时, $\qquad\beta = -0.95 - 1.52\delta_{hb}/\delta_{hm} \tag{5-24}$

当 $\delta_{hb} > 0.57\delta_{hm}$ 时,建筑物下土体沉降减小,但是沉降较大的范围增加很多,且沉降槽变化较大,所以对工程环境安全来说,$\delta_{hb} > 0.57\delta_{hm}$ 后将给受沉降槽影响范围 D_v 影响较大的参数带来风险。对于 $\delta_{hb} > 0.57\delta_{hm}$ 后墙底位移的影响应进一步研究。

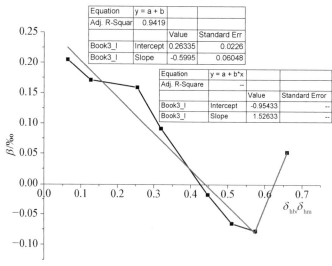

图 5-63 围护结构底部水平位移与 β 的关系

3. 围护结构变形对建筑物地基倾斜度的修正系数的影响

图 5-64 显示了地基倾斜度修正系数随围护结构变形发展的曲线。

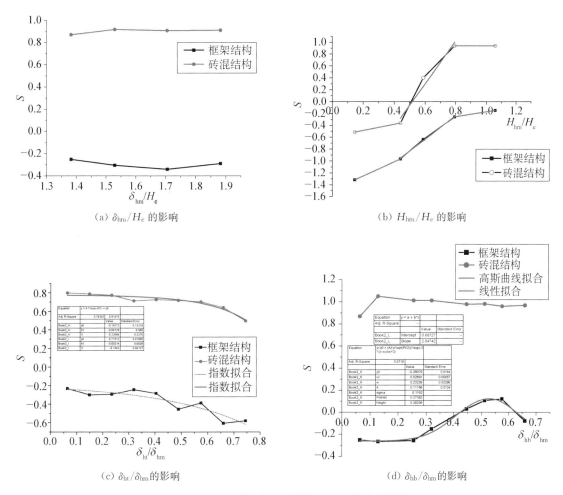

(a) δ_{hm}/H_e 的影响

(b) H_{hm}/H_e 的影响

(c) δ_{ht}/δ_{hm} 的影响

(d) δ_{hb}/δ_{hm} 的影响

图 5‑64 地基倾斜度修正系数随围护结构变形的发展

1）δ_{hm}/H_e 的影响

由图 5‑64(a)可见，无论是砖混结构还是框架结构，建筑物地基倾斜度的修正系数基本上不随 δ_{hm}/H_e 而改变，变化幅度小于 0.1。

2）H_{hm}/H_e 的影响

由图 5‑64(b)可见，随着 H_{hm}/H_e 增加，修正系数 S 变化相对较大。砖混结构受到的影响大于框架结构。地基倾斜与无建筑物地表沉降关系见图 5‑65。在本次计算范围内，当 H_{hm}/H_e 逐渐增加时，地表沉降最大值和影响范围基本不变，地表沉降最大值位置距工程逐渐增加，建筑物地基倾斜度均增加，砖混建筑物受影响较大，框架建筑物受影响较小。地表沉降最大值位置逐渐增加为 6 m、10 m、12 m、14 m、16 m，该位置与建筑物靠近工程一端间距 D_a 依次为 1 m、5 m、7 m、9 m、11 m。而建筑物距工程为 5 m，建筑物长度 L 为 18 m，因此这几种工况中建筑物均是位于基本沉降曲线的最大值处，也就是位于受工程开挖影响较大的范围内。

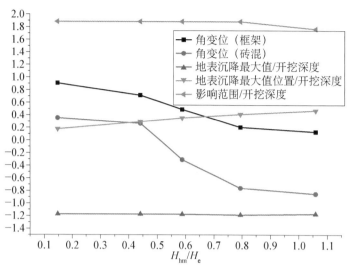

图 5-65 围护结构水平位移最大值位置的影响

对于砖混建筑物，当 D_a 为 1 m、5 m、6 m 时，即 $D_a < \frac{1}{3}L$ 时地基倾斜度为正，$D_a > \frac{1}{3}L$ 后地基倾斜度为负。框架建筑物也是在 $D_a > \frac{1}{3}L$ 后受影响较大，在 $D_a > 9\,\mathrm{m}$，约 $\frac{1}{2}L$ 后受影响又逐渐减小。$D_a < \frac{1}{3}L$ 和 $D_a > \frac{1}{2}L$ 时地基倾斜度的影响程度相似。当然，此阈值应与多个条件相关，比如建筑物与工程的间距、长高比、荷载、土性等等，可在今后的研究中进一步深入。分别拟合这三种情况修正系数与 H_{hm}/H_e 的函数关系如下：

（1）砖混结构。

当 $D_a < \frac{1}{3}L$ 时，　　　　　$S_3^z = -0.59 + 0.52 H_{hm}/H_e$ 　　　　　　　　　　　　　(5-25)

当 $\frac{1}{2}L \geqslant D_a \geqslant \frac{1}{3}L$ 时，　$S_3^z = -1.87 + 3.63 H_{hm}/H_e$ 　　　　　　　　　　　　(5-26)

当 $D_a > \frac{1}{2}L$ 时，　　　　　$S_3^z \approx 0.95$ 　　　　　　　　　　　　　　　　　(5-27)

（2）框架结构。

当 $D_a < \frac{1}{3}L$ 时，　　　　　$S_3^k = -1.49 + 1.2 H_{hm}/H_e$ 　　　　　　　　　　　　　(5-28)

当 $\frac{1}{2}L \geqslant D_a \geqslant \frac{1}{3}L$ 时，　$S_3^k = -1.84 + 2 H_{hm}/H_e$ 　　　　　　　　　　　　　(5-29)

当 $D_a > \frac{1}{2}L$ 时，　　　　　$S_3^k = -0.58 + 0.41 H_{hm}/H_e$ 　　　　　　　　　　　　(5-30)

3）墙顶位移的影响

由图 5-64(c)可见,围护结构顶部位移越接近最大水平位移值,对于砖混建筑物的修正系数逐渐减小,对于框架建筑物的修正系数逐渐增加。δ_{ht}/δ_{hm} 与 S 的关系采用下列函数拟合:

砖混建筑物 $\qquad\qquad S_4^z = 0.775 - 0.002e^{\delta_{ht}/0.15\delta_{hm}}$ （5-31）

框架建筑物 $\qquad\qquad S_4^k = -0.182 - 0.047e^{\delta_{ht}/0.34\delta_{hm}}$ （5-32）

4）墙底位移的影响

由图 5-64(d)可见,当 $\delta_{hb} > 0.15\delta_{hm}$ 后,对砖混建筑物的修正系数突然增加,但之后受到墙底位移的影响较小,基本不变。对于框架建筑物,当 $\delta_{hb} < 0.26\delta_{hm}$ 之前,修正系数都较大,当 $\delta_{hb} > 0.26\delta_{hm}$ 时修正系数减小,倾斜方向发生改变。现结合墙底位移与地基倾斜、无建筑物时地表沉降情况综合分析。

由图 5-66 可见,当 δ_{hb}/δ_{hm} 增加时,主要是地表沉降的影响范围发生变化,地表沉降值略有增加。建筑物地基倾斜度均先减小后增加,框架建筑倾斜方向由向开挖侧倾斜逐渐变为向外侧,而后又向开挖侧倾斜。砖混建筑倾斜方向由向开挖工程外倾斜逐渐变为向内,而后再向外。同样的地表沉降情况,不同种类建筑物会产生不同的倾斜方向。

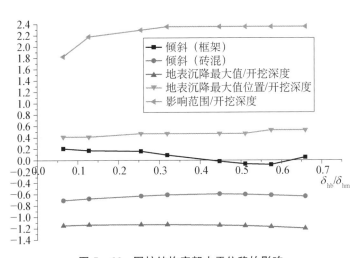

图 5-66 围护结构底部水平位移的影响

同时可见,在墙底位移发生变化时,建筑物地基将受到影响,倾斜方向发生改变,这对于上部建筑物是非常不利的。而在实际工程中随着工程开挖的进展,围护结构底位移也是在逐渐增加,因此需要重视 δ_{hb}/δ_{hm} 的影响。根据图 5-64(d),δ_{hb}/δ_{hm} 与 S 的关系采用下列函数拟合:

砖混结构 $\qquad\delta_{hb} < 0.15\delta_{hm}$ 时,$S_5^z = 0.68 + 2.85\delta_{hb}/\delta_{hm}$ （5-33）

$\qquad\qquad\qquad\delta_{hb} \geqslant 0.15\delta_{hm}$ 时,$S_5^z = 1$ （5-34）

框架结构 $\qquad S_5^k = -0.26 + 0.382\exp\left[-\dfrac{(\delta_{hb}/\delta_{hm} - 0.53)^2}{37.87}\right]$ （5-35）

5.7 深开挖对邻近地下管线影响分析

当深开挖工程周围有地下管线,计算环境安全风险时需考虑地下管线的安全。不同的深开挖工程的平面形状对管线的影响不同,针对两种典型情况,即平面形状为近似的方形或圆形时,周围管线因工程开挖而产生的变形进行计算。首先假设管线的变形与其相同位置处土体的位移紧密相关,由经验法求得地表最大沉降量与地下管线最大竖向位移的关系为(段绍伟,2005):

$$\delta_{w} = 1.25\delta_{v} \tag{5-36}$$

式中,δ_{w} 为地表最大沉降量;δ_{v} 为地下管线最大竖向位移。

当深开挖工程为方形或近似方形时,工程周围地下管线一般均近似平行于工程边缘;当工程为圆形时,周围地下管线一般近似与工程径向垂直。

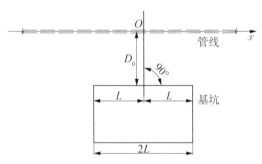

图 5 - 67　方形深开挖工程与管线相对位置示意图

5.7.1 深开挖工程平面形状为方形时对邻近地下管线影响分析

方形深开挖工程与管线的相对位置一般如图 5 - 67 所示。

受到深开挖工程坑角效应的影响,平行于围护结构方向的地表各点在与工程间距 D_0 相同的位置,其地表沉降却不相同。对于地表沿围护结构水平方向的沉降情况目前有很多研究,研究者们提出了一种预测平行于围护结构方向的地表的水平和竖向位移的方法(Finno,2004)。他们确定土体位移分布可以直接用下列公式计算(图 5 - 68):

$$\delta(x) = \delta_{\max}\left[1 - \frac{1}{2}\mathrm{erfc}\left(\frac{x-A}{B}\right)\right] \tag{5-37}$$

式中,$\delta(x)$ 是距离墙角为 x 的点的水平或竖向位移;$\delta_{\max}$ 是最大位移;A 是墙角到反弯点的距离,$A = L/2 - i$,参数 i 可根据图 5 - 69 选取;erfc 为余部误差函数;B 是经验修正系数,竖向沉降应该用正值,水平位移应该看作正向指向工程。B 的值可由 A 的值按下式计算:

$$B = \frac{\dfrac{L}{2} - A}{2.8} \tag{5-38}$$

因此得

$$\delta(x) = \delta_{\max}\left[1 - \frac{1}{2}\mathrm{erfc}\left(\frac{2.8(x-A)}{0.5L-A}\right)\right] \tag{5-39}$$

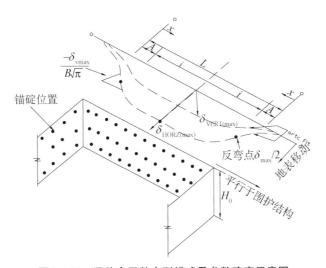

图 5‑68　误差余函数变形模式及参数确定示意图

$\delta_{VERT(max)}$—最大竖向位移；$\delta_{HORZ(max)}$—最大水平位移

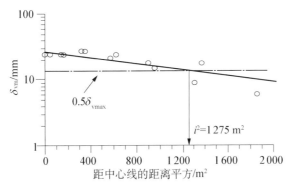

图 5‑69　参数 i 的取值示意图（纵坐标为对数坐标）

沉降曲线上最大倾斜度 β_p 为

$$\beta_p = \frac{-\delta_{max}}{B\sqrt{\pi}} = \frac{2.8\delta_{max}}{(0.5L-A)\sqrt{\pi}} \tag{5-40}$$

Finno(2006)使用上述误差余函数对几个实测工程土体的水平位移和竖向位移进行了拟合，结果表明使用该函数可以较好地反映工程开挖周围土体沿围护结构水平方向的位移分布趋势。

5.7.2　深开挖工程平面形状为圆形时对邻近地下管线影响分析

圆形深开挖工程与管线的相对位置一般如图 5‑70 所示。

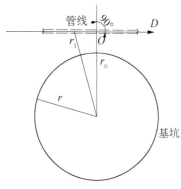

图 5-70　圆形深开挖工程与管线相对位置示意图

根据《上海市地基基础设计规范条文说明》，围护结构外地表的横向沉降曲线为

$$\delta(x) = \delta_{vm}\exp\left[-\frac{x^2}{t(D_v - D_{vm})^2}\right] \quad (5-41)$$

式中，x 为计算点与围护结构外横向地表沉降最大值处的间距；D_v 为工程开挖影响范围；D_{vm} 为围护结构外横向地表沉降最大值位置；δ_{vm} 为地表沉降曲线最大值；$t = 0.3 \sim 0.35$，$D_{vm} = 0.6 \sim 0.7 h_O$，$h_O$ 为 O 点处围护结构水平位移最大值。

由工程与管线相对几何关系可得到式(5-41)中：

$$x = \sqrt{D^2 + r_0^2} - D_{vmD} - r \quad (5-42)$$

式中，D 为管线上计算点与图 5-70 中所示 O' 点的间距；D_{vmD} 为管线上计算点和工程平面圆心的连线与围护结构相交处对应的地表沉降槽沉降最大值位置。

将式(5-42)代入横向沉降曲线公式得到管线横向沉降值：

$$\delta_p(D) = \gamma\delta_{vmD}\exp\left[-\frac{(\sqrt{D^2 + r_0^2} - D_{vmD} - r)^2}{t(D_{vD} - D_{vmD})^2}\right] \quad (5-43)$$

式中，γ 为地表沉降与管线沉降之比，可根据实际情况选取，其大小与管线埋深、土层条件以及管线材质有关，一般情况取 1.25；δ_{vmD} 为管线上计算点和工程平面圆心的连线与围护结构相交处的围护结构的竖向位移最大值；D_{vD} 为该处对应的围护结构后地表沉降槽影响范围。

由于 $\delta_{vm} = \zeta\delta_{hm}$，可得：

$$\delta_p(D) = \gamma\delta_{hmD}\exp\left[-\frac{(\sqrt{D^2 + r_0^2} - D_{vmD} - r)^2}{t(D_{vD} - D_{vmD})^2}\right] \quad (5-44)$$

式中，δ_{hmD} 为管线上计算点和工程平面圆心的连线与围护结构相交处的围护结构的水平位移最大值。

管线沉降与该点对应的围护结构水平位移最大值之间存在如下的关系：

$$\delta_p(D)/\delta_{hmD} = \gamma\zeta\exp\left[-\frac{(\sqrt{D^2 + r_0^2} - D_{vmD} - r)^2}{t(D_{vD} - D_{vmD})^2}\right] \quad (5-45)$$

由前述监测数据分析可见，工程开挖中，管线沉降最大值的位置基本不变，由实测数据可得，管线沉降的最大值与该点的围护结构水平位移最大值基本为线性关系。

前文的分析建立在假设为理想状态，即工程周围地层变形均匀，管线沉降的最大值仅随 r_0 而变化。若非理想状态，即工程周围地层产生非均匀变形，沿工程环向 δ_{hmD}、D_{vmD} 和 D_{vD} 均不同，则管线沉降最大值取决于 r_0 和 δ_{hmD}；若 r_0 不变，则管线沉降的最大值随 δ_{hmD} 的增加而增加。

对式(5-41)求导,可知理想状态下,管线上沉降最大的点可能在以下三处:

$$D_1 = 0, \; D_{2,3} = \pm \sqrt{(D_{vmD} + r)^2 - r_0^2} \qquad (5-46)$$

即管线上距工程最近处、管线上点为工程地表沉降最大处。具体的最大沉降位置还需对比三处的沉降值确定。沉降最大处曲率可近似地等于式(5-41)的二阶导数,当 $D_1 = 0$ 时,曲率也为 0。当 $D_{2,3} = \pm \sqrt{(D_{vmD} + r)^2 - r_0^2}$ 时,曲率为

$$\frac{1}{R} = 2\gamma\zeta\delta_{hmD}(D_{vmD} + r)\big[3(D_{vmD} + r)^3 + (r_0^2 - 2)(D_{vmD} + r)^2 - \qquad (5-47)$$
$$(3r_0^2 - 1)(D_{vmD} + r) - (r_0^4 + r_0^2)\big]$$

假设理想状态即沿工程环向各处围护结构水平位移最大值相同,则 δ_{hmD} 不变,可出现以下几种情况:

(1) 若管线 $r_0 < D_{vmD} + r$,则沉降最大值点沿工程径向距工程的距离 $r_L = D_{vmD} + r$,且有对称于图 5-70 中所示 O' 点的两处。管线沉降最大值为 1.25 倍的墙后地表沉降最大值。管线存在两个曲率最大的点,风险最大。

(2) 若管线 $r_0 = D_{vmD} + r$,则管线沉降最大值为一点,且为距工程最近点,即 O' 点。管线沉降最大值为 1.25 倍的墙后地表沉降最大值。管线存在一个曲率最大的点,风险次之。

(3) 若管线 $r_0 > D_{vmD} + r$,则管线沉降最大值为一点,且为距工程最近点,即 O' 点。管线沉降最大值为 1.25 倍距工程 r_0 处的地表沉降值,小于墙后地表沉降最大值。管线存在一个曲率最大的点,且曲率相对较小,风险相对最小。

6 深开挖工程安全风险预警标准设计

6.1　概述

前文围绕城市深开挖工程可能发生的工程本体及其环境的安全风险事故的特点,选取了可以代表其风险状态的预警指标和控制指标,给出了围护结构外为天然地表时,这两个指标之间相互关系的概率统计特征曲线,并将之作为基础,提出了考虑建筑物、围护结构变形等因素的影响对该关系进行修正的方法;分析了当工程周围有建筑物或管线等环境需要保护时,环境安全与工程风险预警指标的关系。本章将就环境安全风险损失计算方法、环境安全风险控制标准进行分析,进而提出深开挖工程施工安全风险预警标准的设计方法。

6.2　工程环境安全风险控制标准及风险损失分析

深开挖工程环境安全风险分析中已明确,工程周围有建筑物时环境安全风险控制指标主要是建筑物地基的倾斜度 β;有管线时环境安全风险控制指标主要是管线以上地表沉降最大值 δ_{vm} 或地表倾斜率 β_p。

环境安全风险控制标准来自对周围环境变形安全性的要求,即以下三个方面:一是周围路面正常使用要求;二是周围地下管线正常使用要求;三是周围房屋正常使用要求,城市中大多为砖混建筑和框架建筑。

对于路面正常使用要求,一般可通过工程围护结构自身变形的约束来满足,而周围地下管线和建筑物由于对变形控制较严格,事故损失相对较大,在设计围护结构变形值时需要考虑其允许变形要求,即深开挖工程环境安全风险控制标准。

对于管线和建筑物破坏的控制标准,可以通过数值分析或理论研究方法得到,但由于本书的研究重点是深开挖工程的安全风险预警,且在实际工程中提出周围建(构)筑物或市政管线道路等的控制标准时,也是被要求遵守相关规范的要求。因此,本书参考相关规范和施工经验,制定环境安全风险的控制标准。

在此基础上,还需通过理论分析建立工程围护墙变形与环境安全控制指标的关系,以及确定建筑物和管线达到破坏时损失的计算方法。

6.2.1　地下管线破坏评价标准

城市中最常用的金属管材是铸铁、球墨铸铁和钢材。现代化的材料有塑料,它们的柔性较好,煤气和水管使用聚乙烯材料的情况比较多。

铸铁是最常用的管道材料,很多铸铁管都有使用超过 100 年的历史并且还在使用。20 世纪 30 年代以前,地坑铸造法是主要的铸铁管铸造方法,之后离心铸造法发展起来。这两种方法生产的铸铁管中,离心铸铁管由于石墨薄片在铁晶体中的分布更均匀,因而性能更好。两种类型的铸铁材料,其拉应力-应变关系是:在很小的应变时材料就出现不可恢复的变形,没有明显的屈服点,在很小的应变时就突然出现脆性破坏(贾洪斌,2007)。

20 世纪 50 年代后,球墨铸铁出现,它与前述两种方法制造的铸铁管材料相比,其合金很相似,但是球墨铸铁由于碳以小球的形式存在而有更大的强度和延展性。球墨铸铁也没有屈服点,可观察到一个没有不可恢复变形出现的弹性应力范围。当材料开始塑性变形时,石墨节点不随着铁原子矩阵移动,有效横截面积减小,从而减小了管的表观刚度。

19 世纪末,钢管被用来输送煤气、石油,管段连接用焊接或制成无缝钢管。焊接管是把管道径向焊接在一起,无缝钢管则在径向没有焊接点。钢材不同于铸铁,它在线弹性区域后存在一个屈服点,有确定的弹性模量,其应力-应变关系取决于合金中碳的含量。

现代的管材中,塑料由于它的高强度、柔性和耐久性而得到大量应用。塑料是由一种或几种聚合物聚合而成的固体材料。管道中常用的塑料有聚氯乙烯(PVC)和聚乙烯(PE)。聚乙烯管常用来输送水和煤气。

铸铁管主要有橡胶衬垫连接和螺栓密封机械连接两种连接方式,对更不利的情况则使用销栓连接,它允许高达 0.27 倍半径(15°)的转动。

橡胶衬垫连接也适用于钢管,但是钢管更常用的连接方法是焊接。围焊、单面焊、双面焊是常用的焊接方法,产生的强度与钢的强度相似。三种焊接方法中,单面焊产生的强度损失最大,约有 25%。

与钢管的焊接相似,聚乙烯管的连接采用熔接,邻近的管道两端被融化成流体,冷却以后成为一个整体。熔接点处的强度与聚乙烯管的其他部分的强度是一样的。

1. 管线破坏类型

工程开挖时,管线因其周围土体受到施工扰动而会产生附加应力和附加位移。由于管线的刚度为土体的 1 000～3 000 倍,又必然会对周围土体的移动产生抵抗作用。管线对土体移动的抵制作用主要与管线的管径、刚度、接头类型及所处位置有关。在上述两种形式的作用下,管线就有可能产生结构上的破坏,管线的各种破坏原因如图 6-1 所示。

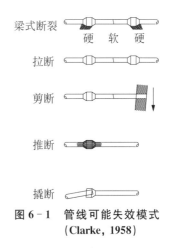

**图 6-1 管线可能失效模式
(Clarke, 1958)**

脆性灰铸铁管的集中功能失效模式如下(Atewell,1986):

① 纵向弯矩引起的横向断裂;

② 环向弯矩引起的纵向劈裂;

③ 熔断、由长期腐蚀引起的孔洞或穿孔;

④ 管线接头处的泄露;

⑤ 引入连接点处的泄露;

⑥ 直接冲击引起的损伤。

上述破坏形式与管线的材料、接头类型、几何尺寸、地下管线的分类和控制标准尺寸等诸多因素有关,都有可能在深开挖工程施工过程中出现。但由于开挖引起的地层差异沉降是导致管线结构破坏的主要原因,表现为纵向弯矩引起的横向断裂,其次对于柔性管线,地层差异沉降导致的管线接头张开也是非常普遍的现象,因此主要针对这些破坏类型进行分析。

2. 地下管线损坏判断标准

一般来说,管线破坏控制值都是在工程实践总结或试验的基础上制定的,与管线的类型、材质、刚度、接头类型、管节长度、管线现状以及所处的位置等有关,各个国家、地区的做法并不相同,工程实践中主要有以下做法或规定。

1) 变形控制

根据国内外基坑施工规程或规范,工程常见的三种管线报警值如表 6-1 所示。

表 6-1　　　　　　　　　　　　　　管线变形报警值

管线类型	铸铁(上水管线)	PVC(信息管线)	钢(煤气管线)
上海基坑工程设计规程	难以查清的煤气管线、上水管及重要通讯管线,可按相对转角 1/100 作为设计和监控标准		
广州地区建筑基坑支护技术规定	地表最大斜率报警值 0.25%	—	地表最大斜率报警值 0.2%
北京地铁、重庆地铁等施工经验	地表最大斜率报警值为 2.5 mm/m,容许倾斜变形为 1～2 mm/m		
德国建筑标准规定	容许倾斜变形为 1～2 mm/m		
其他规定	承插接口及机械铸铁管道和柔性接缝管道,每节允许差异沉降为 ≤L/1 000,L 为管节长度	—	

2) 应力控制

通过管线地层相互作用的分析可知,纵向弯曲应力对管节的受力起控制作用,故管节中的弯曲应力小于容许值时,管道可正常使用,否则产生断裂或泄露。管节弯曲应力容许值依据其当前的强度特性确定。在应力控制分析中,一般根据管线刚度采用不同的控制标准。《上海市地基基础设计规范》(DGJ08-11-1999)对管线破坏的判断标准作出如下规定。

(1) 刚性管线的判断标准。

刚性管线根据其纵向允许应力判断,管线容许沉降曲率半径 R_r:

$$R_r \leqslant \frac{EI}{W[\sigma]} = \frac{ED}{2[\sigma]} \tag{6-1}$$

式中　E——管材的弹性模量;

　　　I——管道的纵向抗弯惯性矩;

　　　W——管道的截面纵向抗弯抵抗矩;

　　　$[\sigma]$——管线纵向允许应力。

（2）柔性管线的判断标准。

柔性管线由接口张开值判断，管线容许沉降曲率半径 R_f（图 6 - 2）：

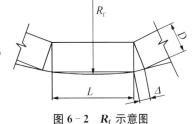

$$R_f \leqslant \frac{LD}{\Delta} \qquad (6-2)$$

图 6 - 2 **R_f** 示意图

式中 L——管节长度；

       D——管道外径；

       Δ——管线接缝允许张开值。

一般按管线的接头形式来选择管线安全性判断方法，对于焊接的大长度钢管，其破坏主要由地层下降引起的管线弯曲应力控制；对于有接头的管线，破坏主要由管道接缝允许张开值 Δ 和管线允许的纵向及横向抗弯强度所决定。对于柔性接头的管线，由于柔性接头的存在可适应地层小变形，但接头处常为薄弱环节，因此一般情况下管道接头处的应力及转角起到控制作用。对于长刚性管道和刚性接头的管线，由于不能自由转动，在地层位移时将产生较大弯曲应力，一般受纵向应力控制。

由上述分析可知，无论是采用管线的允许纵向应力还是允许张开值控制标准，最终都可以反映为管线的允许曲率半径$[R]$。最大沉降值大的管线，其最大曲率半径也较大，反之亦然。管线作为一个风险评价单元来分析时，不必考虑管线发生破坏的具体位置，只需评价管线的破坏程度，因此管线的最大沉降值可以代表管线的曲率大小。而一般来说管线的曲率和应力大小通常是随沉降最大值的增加而增加，虽然整条管线上曲率最大的位置不一定是沉降最大的位置，但是沉降最大值的增加会使出现曲率增加的概率增加。因此在考虑整体安全性时，管线最大沉降、管线曲率、管线最大倾斜值这几种指标都可判断。

6.2.2 地下管线风险事故损失计算

管线开裂破坏所产生的损失由于管线类别的不同，损失大小也是不同的，总体上来说应该包括以下三个部分的损失，即：管线修复的费用，管线修复期间造成的管线功能失效产生的损失，以及由于管线损坏产生的附加损失，如煤气管爆炸、污水管的环境治理，以及相关投诉与纠纷处理所牵涉的费用，用下式表示(陈龙，2004)：

$$C = C_1 + C_2 + C_3 = (1+\xi)(C_1+C_2) \qquad (6-3)$$
$$= (1+\xi)(\lambda \times A_c \times L_c + T \times k \times \theta \times B)$$

式中 C——管线损坏补偿费用，其中，C_1 表示管线修复的费用，C_2 表示管线修复期间造成的管线功能失效产生的损失，C_3 表示附加损失，由于 C_3 较难确定，可以采用等价系数 ξ 来表示，即 $C_3 = \xi(C_1+C_2)$，ξ 的确定与管线供应小区人数、所处位置和管线类型有关；

       λ——单位长度的修复费用与造价之比；

A_C——管线的单位造价；

L_C——管线影响长度，可根据管线施工相关规范选取；

T——修复时间(d)；

k——平均每户每天用量(电、水、煤气等)；

θ——涉及管线输送材料的单价，取当地煤气、水、电等的单位价格；

B——管线供给的小区规模(户数)。

6.2.3 建筑物破坏评价标准

建筑物地基倾斜表征了建筑物的破坏程度。工程开挖导致的建筑物变形模式有：倾斜、轴向拉伸(压缩)、剪切、弯曲、面外扭曲等，如图 6-3 所示，以倾斜和剪切为主，变形过大可能会导致建筑物发生破坏。

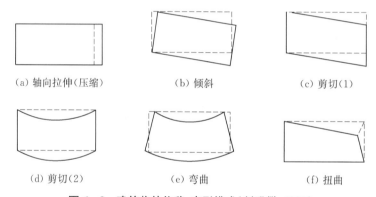

(a) 轴向拉伸(压缩)　　　　(b) 倾斜　　　　(c) 剪切(1)

(d) 剪切(2)　　　　(e) 弯曲　　　　(f) 扭曲

图 6-3　建筑物的位移-变形模式(刘登攀，2008)

无论是建筑物发生如图 6-3 所示的何种变形形式，都可以归结为建筑物基础的不均匀沉降。所以对于建筑物的破坏标准，以对建筑物地基的不均匀沉降，即建筑物的地基倾斜度的要求为主。虽然地基和建筑物之间存在相互作用的关系，地基的倾角不一定与建筑物的倾角相同，但是，地基的倾角变大必然导致建筑物的倾角也要增加。限于篇幅本书不再研究建筑物与地基的相互作用，而是直接根据现有的规范对于建筑物破坏和地基差异沉降之间的关系确定本书的建筑物地基倾斜标准。相关的研究主要包括以下三个方面。

1. 根据理论研究，建筑物裂缝和建筑物倾斜度的等级标准的确定

关于建筑物裂缝和建筑物倾斜的等级标准，也有一些理论解，如将建筑物用深梁模型模拟。Burland 等(1974)进行了专门的模型试验，比较清楚地展示了砖砌墙在受上凸、下凹变形时的变形和破坏模式，在这个试验的基础上，提出了目前广为应用的"深梁模型"来模拟建筑物，即采用深梁来模拟建筑物或其墙体的变形过程。他们认为深梁的变形是两种特殊的变形模式——纯剪和纯弯的叠加，因此同时推导了这两种情况下的拉应变，并按照最不利控制原则建立了结构变损坏风险评估体系。国内北京市勘察设计研究院在这方面也较早进行了研究，如在建筑物许可下沉量的研究中，推导了有关建筑物抗弯、抗剪情况下的挠曲公式，同时认为采用许可差异变形曲率概念比相对弯曲更合理,通过理论分析可以考虑由地表沉降导致的建筑物沉降曲率,考虑建筑物的极限拉应变与建筑物破坏程度的关系。

深梁模型考虑了如图 6-3(d)和图 6-3(e)两种变形模式。而通过前文的数值分析可见,工程开挖导致的建筑物变形中,图 6-3(c)的变形模式也是主要变形模式,所以其研究范围有一定局限性,且理论分析中采用的计算模型比较理想化,与实际情况存在一定差距。

2. 根据实测经验数据,建筑物裂缝和地基倾斜度的等级标准的确定

Skempton 等(1956)研究了 98 个工程实例,得出了决定基础容许总沉降和差异沉降的基本参数。他们认为"引起开裂的沉降特性可能是曲率半径。但角变位是一个合理性仅次于曲率半径的却更易量测的一个量。它可方便表达为差异沉降与两点内距离 L 的比值",其中角变位的概念就是本书中所说的地基倾斜度。Skempton 的研究文献中对承重墙或砖墙填充的传统框架给出了一个初步的地基倾斜度限值,为 1/300。英国在建筑物破坏分类方面做了很多工作。Burland 等(1974)总结了当结构的构件在水平方向或者垂直方向上有 1/250 的差异沉降会对结构的外观产生影响,差异沉降达到 1/100 或者沉降曲率达到 1/250 时,裂缝就会变得明显。但是他又指出外观上的破坏很难量化,因为它还要基于一些主观上的标准,即人对裂缝的容忍能力。利用 Skempton 和 MacDonald 的数据及另一些实例数据,Bjerrum(1963)给出了地基倾斜度与建筑表现关系,如图 6-4 所示。

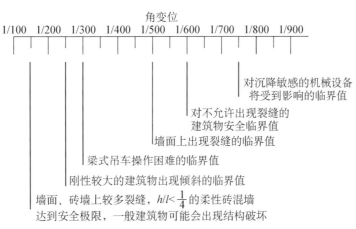

图 6-4 地基倾斜度与建筑表现关系图

3. 我国现行相关标准中建筑物地基变形的标准

1) 国家标准《建筑地基基础设计规范》

我国国家标准《建筑地基基础设计规范》规定建筑物基础允许的倾斜值见表 6-2。

表 6-2 多层和高层建筑基础的倾斜允许值

建筑物高 H_g/m	$H_g \leq 24$	$24 < H_g \leq 60$	$60 < H_g \leq 100$	$H_g > 100$
倾斜允许值	0.004	0.003	0.002	0.001 5

2）工程建设类标准《建筑工程质量检验评定标准》

《建筑工程质量检验评定标准》(GBJ 301—88)中规定建筑物倾斜不得大于1‰，并且偏移量不得大于20 mm。王铁梦(1998)通过建筑物的破坏机理，对建筑物倾斜的允许值进行了深入研究，给出了砖石结构建筑结构性破坏的倾斜限值，即缓慢变化为2‰，瞬时变化为1‰。

3）煤炭开采行业的标准

我国的煤炭开采行业也对煤矿采空区建筑物的损坏等级进行了规定。《建筑物、水体、铁路及主要井巷煤柱留设与压煤开采规程》中，给出了长度或变形缝区段内长度小于20 m的砖混结构建筑物按不同的地表变形值划分破坏等级的标准，如表6-3所示。

表6-3　　　　　　　　　　　砖混结构建筑物的损坏等级划分

损坏等级	建筑物损坏程度	水平变形 ε/(mm/m)	曲率 K/(10^{-3}/m)	倾斜/(mm/m)	损害	结构处理
I	自然间砖墙上出现宽度1～2 mm的裂缝	≤2.0	≤0.2	≤3.0	极轻损害	不修
	自然间砖墙上出现宽度小于4 mm的裂缝，多条裂缝总宽度小于10 mm				轻微损害	简单维修
II	自然间砖墙上出现宽度小于15 mm的裂缝，多条裂缝总宽度小于30 mm；钢筋混凝土梁、柱上裂缝长度小于1/3截面高度；梁端抽出小于20 mm；砖柱上出现水平裂缝，缝长大于1/2截面边长；门窗略有歪斜	≤4.0	≤0.4	≤6.0	轻度损坏	小修
III	自然间砖墙上出现宽度小于30 mm的裂缝，多条裂缝总宽度小于50 mm；钢筋混凝土梁、柱上裂缝长度小于1/2截面高度；梁端抽出小于50 mm；砖柱上出现小于5 mm的水平错动，门窗严重变形	≤6.0	≤0.6	≤10.0	中度损坏	中修
IV	自然间砖墙上出现宽度大于30 mm的裂缝，多条裂缝总宽度大于50 mm；梁端抽出小于60 mm；砖柱上出现小于25 mm的水平错动	>6.0	>0.6	>10.0	严重损坏	大修
	自然间砖墙上出现严重交叉裂缝，上下贯通裂缝，墙体严重外鼓，歪斜；钢筋混凝土梁、柱裂缝沿截面贯通；梁端抽出大于60 mm；砖柱上出现大于25 mm的水平错动，有倒塌的危险				极度严重损坏	拆建

对于中修和大修工程费用的标准,我国房屋修缮标准的规定是:大修工程一次费用是该建筑造价的 25% 以上;中修工程一次费用是该建筑造价的 20% 以下。

4) 我国工程建设中对各类建筑物地基允许倾斜和相对弯曲的规定

我国在工程建设中,对各类建筑物地基的允许倾斜和相对弯曲都有明确规定:生产设备正常运行时地基倾斜度为 1‰;砖石结构建筑不出现裂缝时为小于 4‰,出现被允许的轻微裂缝时为 1/150(6.7‰),出现结构性破坏时为 20‰。上述标准为结构缓慢破坏的情况,瞬时破坏时标准为缓慢破坏的 1/2。一般由工程开挖导致建筑物破坏风险如在可预警阶段时,可被看作建筑物是在缓慢破坏阶段,但如果考虑破坏较严重的阶段,可用瞬时破坏的标准来要求。

对比前面的 4 种相关规范和研究,基本上对于建筑物产生结构性破坏的地基倾斜度标准均定位为 10‰,基本上均认为地基倾斜度超过 6‰ 后可能产生较大裂缝。对于损伤较小的破坏情况各标准有所区别。

本书综合以上文献和资料,选择规范中建筑物的允许地基倾斜度作为建筑物破坏预警时的判断标准,如表 6-4 所示。

表 6-4 建筑的地基倾斜度允许值

建筑物类型	砖混建筑物	框架建筑物
地基倾斜度/(mm/m)	≤4.0	≤3.0

6.2.4 建筑物地基倾斜度与安全风险预警指标的相关性

目前,建筑物安全性评估及风险损失评价体系中,一般均基于工程围护结构变形引起的天然地面的沉降曲线形态,将其作用于建筑物(即假定建筑物产生与地面相同的位移),然后对建筑物的受力及变形状况进行分析,并评价其结构损坏的安全等级。根据前文的分析,建筑物存在时与地层有相互作用,地表沉降曲线与天然地面时有较大区别,如果采用传统做法,将与工程实际不符。因此,本书定义了地基倾斜度修正系数,表达同一工况下,当地表有建筑物存在时与天然地表沉降对建筑物地基倾斜度影响的差异。具体修正系数计算见第 5 章。

采用《上海市地基基础设计规范条文说明》中工程的横向沉降曲线公式为基本计算公式,其中参数地表沉降最大值位置 D_{vm}、影响区域 D_v 按照第 5 章中计算结果估计。地表沉降最大值 δ_{vm} 按照统计的 δ_{vm}/δ_{hm} 的概率关系进行估计。地表各点的倾斜度近似为:

$$\beta = \delta'(x) = \frac{-2x}{t(D_v - D_{vm})^2} \zeta \delta_{hm} \exp\left[-\frac{x^2}{t(D_v - D_{vm})^2}\right] \tag{6-4}$$

其中,x 为建筑地基范围内地表倾斜度最大处距地表沉降最大处距离,x 坐标以地表沉降最大处为 $x=0$ 点。

修正后的地基倾斜度为

$$\beta = \frac{-2x}{t(D_v - D_{vm})^2} \zeta \delta_{hm} \exp\left[-\frac{x^2}{t(D_v - D_{vm})^2}\right] \left(\prod_{j=1}^{5} S_j^i\right) \tag{6-5}$$

设建筑物地基允许倾斜度为 β_0，则对应的围护墙水平位移允许值为

$$\delta_{\rm hm} = \beta_0 \left\{ \frac{-2x}{t(D_{\rm v}-D_{\rm vm})^2} \zeta \exp\left[-\frac{x^2}{t(D_{\rm v}-D_{\rm vm})^2}\right] \left(\prod_{j=1}^{5} S_j^i\right)\right\}^{-1} \tag{6-6}$$

在地基倾斜度修正系数的敏感度分析中已经考虑了 5 个影响参数对 $\delta_{\rm vm}$、$D_{\rm vm}$、$D_{\rm v}$ 的影响，按照 5.6 节计算修正系数 S_j^i 即可。其中 $i=z,k$ 分别表示砖混或框架建筑，$j=1\sim5$ 表示建筑物与工程距离 $D_{\rm b}$、F、$H_{\rm hm}$、$\delta_{\rm ht}$、$\delta_{\rm hb}$ 的修正系数。

6.2.5 建筑物风险事故损失计算

一般来说建筑物的损失包括直接损失和间接损失。间接损失指由于建筑物的破坏所引发的经济、社会、环境问题所带来的损失；而直接损失包括建筑物结构破坏损失和室内财产损失以及人员伤亡，而且除非建筑物突然倒塌，否则室内财产损失和人员伤亡都是可以尽可能避免的或减到最小的，因此，建筑物破坏的直接损失主要指结构破坏以及重建的费用，用损失比（损失率）来表示，如下式所示（陈龙，2004）：

$$C_{\rm H} = \lambda m = \lambda m'(1-nq_1q_3+q_4q_5)q_2 \tag{6-7}$$

式中　$C_{\rm H}$——建筑物破坏后的直接损失（万元）；

λ——建筑物的损失比（%）；

m——建筑物破坏前的实际价值（万元）；

m'——建筑物的市场价值（万元）；

n——使用的年数，年；

q_1——考虑使用损耗的折旧率；

q_2——考虑物价上涨因素的系数；

q_3——考虑采取特殊措施维护的系数；

q_4——考虑建筑物保护等级的系数；

q_5——考虑建筑物所在城市的系数。

上述参数中建筑物的市场价值计算方法有重置成本法、账面净值调整法、基价调整法、市场价格类比法、综合因素计算法、净租金收益现值法。应根据建筑物特点选择合适的计算方法。

1. 重置成本法

这种方法是先计算出房产的重置全价，然后按照使用年数、磨损程度折算出净价。其计算公式为

房产净价 = 房产重置全价×(1－年折旧率×已使用年数)

或 = 房产重置全价－[(重置全价－净残值)/(已使用年限＋尚可使用年限)]×已使用年限

或 = (房产重置全价－按重置全价计算的累积折旧额)×(1±调整系数)

2. 账面净值调整法

账面净值调整法是以房屋建筑物的账面净值为基础,再按一定的系数调整,然后计算其价格。评估公式如下:

$$房屋建筑物的重估价值 = 房屋建筑物账面净值 \times (1 + 调整系数)$$

上式中的调整系数是由物价、资产成新率及其他因素决定的。

3. 基价调整法

基价调整法是按一定基础价格,参照被评估房屋建筑物各类经济技术指标来确定评估价格的办法。

$$房屋价格 = 基准价格 \times (1 \pm 装修增减率 \pm 设备增减率 \pm 地段、层次、朝向增减率$$
$$\pm 附属设施增减率 \pm 使用情况增减率) \times 建筑面积$$

4. 市场价格类比法

它是以市场上相同或类似房屋的交易价格为参照物,来确定被评估房屋的价格,其评估的步骤如下:

(1)进行市场调查,搜集相同或类似房屋的交易资料;

(2)确定资料的正确性;

(3)根据不同资料选取不同的比较计量单位;

(4)将参照房屋与评估对象进行对比;

(5)调整由于时间、地区不同所造成的差异,使两者比较在同一尺度上进行;

(6)确定所估资产的价格。

采用市场价格类比法,可采用如下公式进行计算:

$$房产价格 = 类别房产单价 \times (1 \pm 被估房产差异因素调整率)$$
$$\times (1 + 期间房价上涨率) \times 建筑面积$$

5. 综合因素计算法

有些房产已经折旧完,账面价值为零,甚至为负数,但仍然可以使用。对这些房产的价格进行评估时,可采用综合因素计算法进行。评估公式如下:

$$P = (A + D - Y) \times (1 + w - s) \times Z/(G + Z) + Y$$

式中 P——某房屋建筑物估价;

A——该房屋建筑物原价;

D——已在该房屋建筑物投入的更改费用;

Y——预计该房屋建筑物净残值;

w——物价上涨指数;

s——无形磨损指数;

Z——尚可使用年限;

G——已使用年限。

6. 净租金收益现值法

净租金收益现值法是将房产各年的净租金收益(按毛租金扣除管理费和更新、改造、维修费用的余额)按一定的折现率来折现,来估算房屋建筑物价格的一种方法,它适用于房屋建筑物连续收取租金的情况。每期收益不等额时,计算公式为

$$m = \frac{\sum_{i=1}^{N} R_i}{\sum_{i=1}^{N} (1+r)^i} \qquad (6-8)$$

式中 N——折现净租金收益年现值的年限;

R_i——第 i 年的净租金收益;

r——资本化率。

其他参数中,对于因使用损耗所造成的房屋的折旧,考虑到我国普通民用建筑的设计基准期为 50 年,对于一般民房,其实际的可服务年限更短,所以可认为 50 年后房屋的价值降低 100%,故每年的折旧率为 2%,即取 $q_1 = 2\%$。

q_2 根据各地区主要建筑材料的上涨系数的平均值确定。

对于采取改建、扩建、大修等特殊措施维护的房屋,其价值的降低程度可减小到 2/3,故取 $q_3 = 2/3$。对于中修或小修的房屋,不考虑其价值的增加,所以对于未采取措施维护,以及小修或中修的房屋,取 $q_3 = 1$。

q_4 根据建筑物的保护等级选取,与建筑物保护等级一、二、三级对应的 q_4 依次为 0.6、0.3、0.1。

q_5 主要考虑国内不同级别城市中,建筑材料的物价、物流以及维修施工人工成本均有差距,因此按照城市等级选取。

划分标准如下:一级城市,人口在 500 万以上或经济发达、消费水平较高的省会城市或大城市;二级城市,人口在 300 万以上或经济较发达、消费水平较高的大中城市或一般省会城市;三级城市,人口在 100 万以上或经济较发达、消费水平较高的中小城市;四级城市,除以上三级以外的其他城市。对应的 q_5 依次为 0.4、0.3、0.2、0.1。

在建筑物发生风险损失前预估其损失,需通过建筑物破坏情况对应的损失比计算。关于损失比的研究有很多,采用建筑物地基倾斜作为判断损失等级或与之相关的主要有维因豪芬曲线,见图 6-5。

德国曾用房屋的倾斜值来评定房屋价值的降低,如维因豪芬曲线所示,认为房屋倾斜每增长 2 mm,其价值降低 1%。该方法比其他的评估方法更加严格。

此外,也有研究关于建筑物广义破坏等级与损失比的关系(陈龙,2004),如表 6-5 所示。

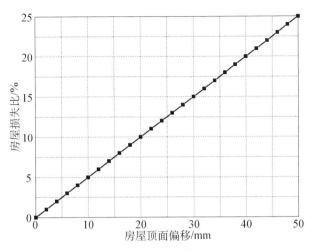

图 6 - 5　维因豪芬曲线

表 6 - 5	建筑物及室内财产的直接损失比				
损失分类	不同破坏状态下的损失比/%				
	完好	美观破坏	功能破坏	结构破坏	倒塌
钢筋混凝土结构	0	5～10	10～30	30～80	80～100
砖混结构	0	5～10	10～30	30～70	70～100
室内财产	0	0	0	20～40	40～95

6.3　深开挖工程安全风险预警标准设计流程

6.3.1　"绿场"工程施工安全风险预警标准设计

　　工程周围无重要建筑物和市政管线时,即"绿场"下,将主要考虑工程本体结构的安全风险进行预警。设计工程安全风险预警值以 4.4 节中表 4 - 13—表 4 - 20 提出的深开挖工程安全风险预警标准为基础,采用如下步骤:

　　(1) 根据工程实际情况,明确工程所在地区地质条件、开挖深度、工程支撑系统刚度。

　　(2) 根据表 4 - 13—表 4 - 20,分别得到工程根据上述三种条件对应的安全风险预警值。

　　(3) 对比三种途径得到的安全风险预警值,选择要求最严格的,即三者中的最小值作为预警标准。

6.3.2　临近管线时风险预警标准设计

　　工程周围临近管线时,应根据管线的允许变形值,确定环境安全风险预警指标允许值,通过工程围护结构外地表变形与围护结构变形的关系,确定工程安全风险预警标准。

　　工程围护结构外地表沉降与围护墙变形之间的关系参考 5.5 节的分析结果,δ_{vm}/δ_{hm} 的分布符合 Loglogistic 函数,概率密度最大的 δ_{vm}/δ_{hm} 值为 0.67,设 $\zeta = \delta_{vm}/\delta_{hm}$。按照第 3 章中确定安全风险预警标准的方法,确定风险概率等级标准如表 6-6 所示。

表 6-6 δ_{vm}/δ_{hm} 风险等级标准

风险等级	一级	二级	三级	四级	五级
概率密度	$>0.25 f_m$	$0.5 f_m \sim 0.25 f_m$	$0.75 f_m \sim 0.50 f_m$	$f_m \sim 0.75 f_m$	$< f_m$
δ_{vm}/δ_{hm} (ζ)	$\zeta > 0.66$	$0.43 < \zeta \leqslant 0.66$	$0.30 < \zeta \leqslant 0.43$	$0.16 < \zeta \leqslant 0.30$	$\zeta \leqslant 0.16$

具体工程的安全风险预警标准采用下面的计算流程确定:

(1) 根据工程实际情况,明确周围所有管线的类型以及管线与工程的相对位置,确定工程和管线的计算参数,如 A、L、D、δ_{hmD}、r、r_0 等。

(2) 采用式(6-3)计算各类管线的可能风险损失值 C_i,根据损失值大小和工程与管线相对位置,确定 n 个管线的权重 w_{1i}。

(3) 根据 5.5.2 节和 5.5.3 节中对于围护结构后地表沉降最大值位置 D_{vm} 和影响范围 D_v 的统计结果,预估 D_{vm} 和 D_v。

(4) 对于方形工程,根据表 6-1 确定管线以上地面允许倾斜值 β_p 后,代入式(5-40),计算地面沉降最大值的允许值 δ_{vm}^0,根据表 6-6,计算各风险等级围护结构允许变形值 δ_{hm}^0。

(5) 对于圆形工程,确定管线以上地面的允许沉降最大值 δ_{vm}^0 后,代入式(5-45),结合表 6-6,计算各风险等级围护结构允许变形值 δ_{hm}^0。

(6) 对于重要工程或特殊要求的情况,可根据结构力学方法,以管线曲率半径作为破坏标准,根据式(6-1)或式(6-2),计算管线允许曲率半径 $[R]$,代入式(5-56)。结合表 6-6,计算各风险等级围护结构允许变形值 δ_{hm}^0。

(7) 按照步骤(1)—(6)分别计算工程影响范围内管线各风险等级对应的围护结构最大值的允许变形值 δ_{hm}^0。

(8) 采用下式综合考虑各管线的影响,确定考虑周围 n 个管线各个风险等级对应的 δ_{hm}:

$$\delta_{hm}^0 = \sum_{i=1}^{n} \delta_{hm}^0 \cdot w_{1i} \tag{6-9}$$

(9) 根据 6.3.1 节不考虑周围环境要求时,即"绿地"下安全风险预警值的设计方法,再确定一组各安全风险等级的预警标准。

(10) 将(8)、(9)两步骤得到的结果对比,选择要求较严格的一组作为工程安全风险预警标准。

说明:

① 计算工程中间工况的安全风险时,可按照工程各阶段开挖深度,重复步骤(3)—(10),得到工程施工中各开挖深度时工程安全风险预警标准。

② 按照表4-5和图4-38,围护墙水平位移最大值深度位置 H_{hm} 超出均值时,需按式(6-10)对 D_{vm} 作出修正:

设监测到的围护墙水平位移最大值深度位置为 H_{hm},初始值为 H_{hm0}(估计值),根据5.5节,则此时修正后

$$D_{vm}/H_e = 0.505(H_{hm} - H_{hm0}) + D_{vm0}/H_e \qquad (6-10)$$

而后再重复步骤(3)—(9)。

③ 根据5.5节,当围护墙墙底水平位移 δ_{hb}/δ_{hm} 小于0.325时,需按式(6-11)或式(6-12)对墙后地表沉降影响范围作出修正:

设监测到的围护墙墙底水平位移为 δ_{hb}/δ_{hm},初始值 $\delta_{hb0}/\delta_{hm0}$ 一般设为零,则此时修正后

$$D_v/H_e = 1.608(\delta_{hb}/\delta_{hm} - \delta_{hb0}/\delta_{hm0}) + D_{v0}/H_e \qquad (6-11)$$

当 δ_{hb}/δ_{hm} 大于0.325时,修正后

$$D_v/H_e = 0.522 + D_{v0}/H_e \qquad (6-12)$$

而后再重复步骤(3)—(9)。

④ 当监测中围护墙墙顶水平位移 δ_{ht} 在 $0 \sim 0.5\delta_{hm}$ 期间,或墙底水平位移 δ_{hb} 大于 $0.45\delta_{hm}$ 后,参照5.5节式(5-1)、式(5-2)计算墙顶位移和墙底位移对于 δ_{vm}/δ_{hm} 的修正系数 S_1、S_2。

⑤ 将表6-6中 ζ 修正为 $\zeta \cdot \sum_{k=1}^{2} S_k$,重复步骤(6)—(10)重新计算工程安全风险预警标准。

6.3.3 邻近建筑物时风险预警标准设计

当工程周围邻近建筑物时,可采用如下的步骤对预警值进行设计:

(1) 根据建筑物类型,确定建筑物允许地基倾斜度 β_0。

(2) 根据表4-5和图4-38预估围护结构水平位移最大值位置 H_{hm}。

(3) 根据5.5.2节和5.5.3节中对于工程墙后地表沉降最大值位置 D_{vm} 和影响范围 D_v 的统计结果,预估 D_{vm} 和 D_v。

(4) 参考表5-7确定建筑物位置对建筑物地基倾斜度的修正系数 S_1。根据图5-43、图5-45预估建筑物范围内地基倾斜度最大的位置,即式(6-6)中 x 值。

(5) 参考式(5-13)、式(5-14)确定该类建筑物荷载或长高比对建筑物地基倾斜度的修正系数 S_2。

(6) 代入式(6-6),参考表6-6,得到各风险等级对应的 δ_{hm}^0。

(7) 按照(1)—(6)步,分别计算工程影响范围内 n 个建筑物的 δ_{hmi}^0,$i = 1, \cdots, n$。

(8) 根据式(6-7)计算工程影响范围内 n 个建筑物的损失,根据每一建筑物损失数值给出其对工程安全风险影响的权重 w_{bi}。

（9）采用下式综合考虑各建筑物的影响，考虑周围建筑物影响的工程风险等级标准对应的 δ_{hm}^0：

$$\delta_{hm}^0 = \sum_{i=1}^{n} \delta_{hmi}^0 \cdot w_{bi} \tag{6-13}$$

如果工程周围建筑物中存在保护建筑或非常重要的建筑，应以根据该建筑设计的标准为预警标准。

在工程监测过程中，根据实测 H_{hm}/H_e、δ_{ht}/H_e、δ_{hb}/H_e 代入式（5-25）—式（5-35）分别计算修正系数 S_j^i，重复步骤（6）—（9），可设计施工中的安全风险预警标准。

本书研究的是城市中的深开挖工程，实际工程环境是十分复杂的，可能同时包括6.3.1节至6.3.3节出现的几种环境条件，因此在确定工程安全风险预警标准时，可以采用6.3.1节至6.3.3节的计算流程分别计算，选择要求标准最高的作为控制工程风险的安全风险等级预警标准；也可以根据建筑物、管线等的作用程度，采用综合评判方法确定工程的整体安全风险等级预警标准。

本书确定的工程安全风险预警标准是贯穿于工程整个施工过程中的，应该结合工程实测数据，对预警标准进行调整。

7 城市深开挖工程安全风险预警方法及工程实例

7.1 城市地下深开挖工程施工安全风险预警方法

建立城市地下深开挖工程施工安全风险预警系统主要是为施工中的工程安全控制服务。与传统的预警标准不同,该体系是动态的,贯穿于工程的整个过程,在工程未开工之前制定的预警标准,随着工程施工进行中工程处于安全状态时监测预警值的不断扩充进数据库,将使预警标准更加具有针对性,使预警系统更加经济、有效。预警系统流程如图 7 – 1 所示。

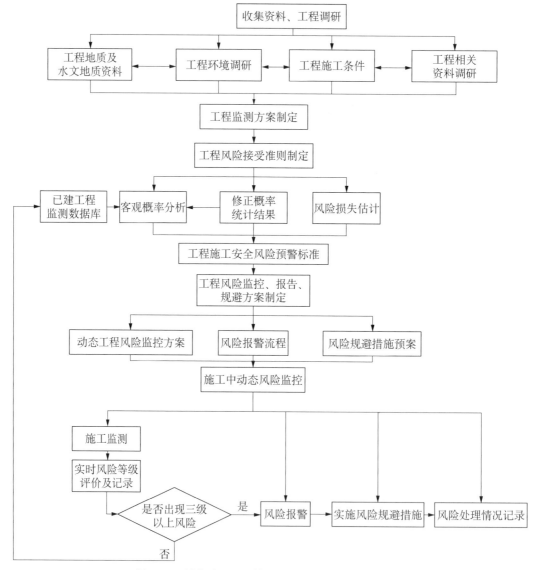

图 7 – 1 城市地下深开挖工程施工安全风险预警系统

建立预警系统具体应重点完成和加强以下几个方面的工作：

（1）工程施工前，根据相关规范要求确定常规监测项目，制定监测方案。

参考的国家规范有：《建筑基坑工程监测技术规范》（GB 50497—2009）、《建筑基坑支护技术规程》（JGJ 120—2012），以及其他地方性基坑支护技术规程。

（2）根据工程情况，按照深开挖工程施工安全风险预警标准设计方法确定预警标准。其他监测项目报警值按照相关规范设计，作为预警参考。

（3）对应不同工程风险等级详细制定风险规避措施预案，包括各等级风险对应的预警通知层次、预警信息传递途径、负责人、规避方法。建立工程风险管理委员会，使工程风险控制能够落实到专人。

（4）工程开工后，建立动态风险监控系统。根据监测数据，提供实时工程安全风险等级，根据风险等级采取不同规避措施。

（5）对整个施工过程风险进行记录、跟踪，记录的内容主要包括：风险事件、辨识人员、风险发生原因、责任人、风险发展状态、如何采取规避措施、实施人员等，形成风险记录文档。

（6）工程开工后严格按照监测方案执行，如果未发生 3 级以上风险，将该监测数据加入已建深开挖工程实测数据库，统计更新后的数据库中风险预警指标概率分布特征，如概率分布特征与设计阶段统计结果差别较大，则按照更新后风险预警指标概率分布特征对风险预警标准进行修正。

制定风险预警系统的核心内容仍是风险预警标准。采用风险预警系统将深开挖工程安全控制从传统的单值控制，变为分级控制；从传统的固定标准，变为动态标准，这使工程安全措施更能够有的放矢，节约成本，更加符合工程实际。

7.2 工程案例一

以第 2 章所述工程案例一为例，分析当周围有建筑物存在时深开挖工程安全风险预警标准的设计过程。

7.2.1 工程概况

该工程平面形状近似为矩形，长 210 m，宽约 70 m，工程周长 568 m，工程开挖深度为 13.1 m。其他情况参见 2.4.1 节。工程为一级基坑工程，主要监测项目警戒值为：①围护墙变形设计警报值：最大变形>30 mm，沉降速率>3 mm/d；②建筑物沉降累计值>10 mm，沉降速率>2 mm/d；③地下水位变化>500 mm/d。

工程场地北侧与多幢建筑物相邻。某大厦由总高度 100 m 的主体建筑和五层裙房组成，地下 2 层、地上 26 层，上部为框架结构，下部采用桩基础。基底占地面积为 4 730 m²，距工程仅 15 m，相当于 1.1 倍基坑埋深。某老楼为五层砖混结构，距离工程 10.8 m，下部采用天然地基，始建于 1939 年，红砖清水外墙，建筑平面呈矩形布置，垂直于工程方向长度约为 40 m，平行于工程方向长度约为 32 m,立面呈塔状内收,是为数不多的上海市三级优秀近代保护性建筑。周围建筑物与深开挖工程的平面位置如图 7-2 所示。

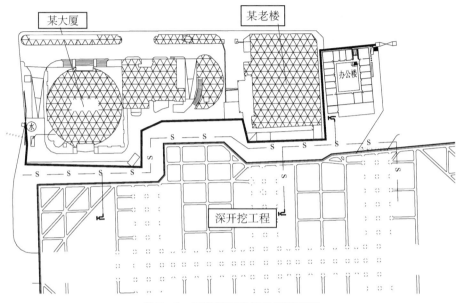

图 7-2 工程周围建筑位置平面图

7.2.2 工程安全风险预警标准

1. 根据老楼安全状况计算工程安全风险预警标准

步骤一:老楼为砖混建筑物,按照监测设计值最大沉降为 10 mm,测点间距为 10 m,允许地基倾斜度 β_0 最大为 1 mm/m。

步骤二:围护墙水平位移最大值位置 H_{hm} 为 $0.9H_e$,即 11.79 m。

步骤三:D_{vm} 为 $0.5H_e$,即 6.55 m。D_v 为 $1.58H_e$,即 20.7 m。

步骤四:老楼距工程的间距 D_b 为 10.8 m,L 约为 40 m,$D_b > D_{vm}$ 且 $D_b + L > D_v$。修正系数 $S_1^z = 0.776$。

步骤五:老楼为 5 层砖混建筑,其活载加上动载约为 $F = 1\,228.5$ kN,代入式(5-13),得到修正系数 $S_2^z = -1.29$。

步骤六:由于建筑物 $D_b > D_{vm}$ 且 $D_b + L > D_v$,根据本书计算结果图 5-43,砖混建筑物地基倾斜度最大的位置基本上应在 $x = 4.25$ m,代入式(6-6),参考表 6-6,得到各风险等级对应的 δ_{hmz}^0,见表 7-1。

2. 根据某大厦安全状况计算工程安全风险预警标准

步骤一:大厦为框架建筑,允许地基倾斜度 β_0 为 1 mm/m。

步骤二—三:与计算老楼时相同。

步骤四:大厦距工程的间距 D_b 为 15 m,大厦基础垂直工程长度方向的长度为 37 m,

$D_b > D_{vm}$ 且 $D_b + L > D_v$，修正系数 $S_1^k = 0.425$。

步骤五：大厦为 26 层框架+桩基建筑，L 约为 37 m，高约为 78 m，其长高比约为 0.48，代入式(5-14)，得到修正系数 $S_2^k = 0.043$。

步骤六：由于建筑物 $D_b > D_{vm}$ 且 $D_b + L > D_v$，因此建筑物地基倾斜度最大的位置基本上应在 $x = 8.45$ m，代入式(6-6)，参考表 6-6，得到的各风险等级对应的 δ_{hmk}^0，见表 7-1。

表 7-1 工程安全风险预警分项标准

概率等级	一级	二级	三级	四级	五级
$\delta_{vm}/\delta_{hm}(\zeta)$	$\zeta > 0.66$	$0.43 < \zeta \leqslant 0.66$	$0.3 < \zeta \leqslant 0.43$	$0.16 < \zeta \leqslant 0.30$	$\zeta \leqslant 0.16$
δ_{hmz}^0/mm	$\delta < 14$	$14 \leqslant \delta < 22$	$22 \leqslant \delta < 32$	$32 \leqslant \delta < 60$	$\delta \leqslant 60$
δ_{hmk}^0/mm	$\delta < 65$	$65 \leqslant \delta < 99$	$99 \leqslant \delta < 142$	$142 \leqslant \delta < 267$	$\delta \geqslant 267$

3. 损失计算

步骤七：根据式(6-7)计算老楼和某大厦发生风险的损失。

1) 老楼损失估计

根据老楼实际情况，选择计算参数如下：$q_2 = 4\%$，$q_3 = 1$，$q_4 = 0.6$，$q_5 = 0.4$，使用年数 n 为 99 年。由于老楼建于 1908 年，属上海市优秀保护建筑，不考虑其使用年限对价值的折减，$q_1 = 0$。其市场价值 m' 计算，由于没有出售、租赁，按照一般建筑物计算方法也不合适，因此先采用综合因素计算法来评估老楼现值，再在计算损失时考虑老楼的保护等级进行修正。

$$m' = (A + D - Y)(1 + w - s)Z/(G + Z) + Y \qquad (7-1)$$

式中 m'——某房屋建筑物估价；

A——该房屋建筑物原价；

D——已在该房屋建筑物投入的更改费用；

Y——预计该房屋建筑物净残值；

w——物价上涨指数；

s——无形磨损指数；

Z——尚可使用年限；

G——已使用年限。

由于缺乏老楼的相关实际资料，一些数据只能采用假设的方法得到。

假设老楼原造价为 500 万元，在使用过程中投入维修费用 200 万元，房屋现残值为 100 万元，尚可使用 20 年，年平均物价上涨指数为 10%，年平均无形磨损指数为 2%，则根据式(7-1)，

$$m' = (500 + 200 - 100) \times (1 + 4\% - 2\%) \times 20/(98 + 20) + 100 = 203.7 \text{万元}$$

建筑物的损失比 λ 根据建筑物的允许变形确定。该工程中建筑物允许累积最大沉降为

10 mm,建筑物南北向测点最小间距为 10 m,考虑最危险的情况,建筑物的允许地基倾斜度为 1‰。根据维因豪芬曲线,建筑物达到允许变形值时损失比为 5%。将这些参数代入式 (6-7),计算损失值如下:

$$C_H = \lambda m = = \lambda m'(1 - nq_1q_3 + q_4q_5)q_2 =$$
$$5\% \times 203.7 \times (1 + 0.6 \times 0.4) \times 4\% = 0.51 \text{ 万元}$$

2) 某大厦损失估计

大厦建于 2002 年,建设费用约为 3.4 亿元,已使用年数 n 为 7 年。该大厦正在投入使用,对于这样的建筑计算其现值可用净租金收益现值法,即将房产各年的净租金收益(按毛租金扣除管理费和更新、改造、维修费用的余额)按一定的折现率折现,来估算房屋建筑物价格,它适用于房屋建筑物连续收取租金的情况。计算公式为式(6-8),其中参数计算如下:

(1) 资本化率。评估基准日时的现行一年期定期存款利率为 1.98%,取安全利率即无风险报酬率为 1.98%。风险调整值取为 6%。根据相关公式,资本化率为

$$资本化率 = 安全利率 + 风险调整值 = 1.98\% + 6\% = 7.98\%$$

(2) 租赁年总收入。商业用地法定最高年限为 40 年,该房屋尚可使用年限为 43~51 年,根据《房地产估价规范》的要求,确定房地产未来收益年限为 40 年。

租赁年总收入包括有效毛租金收入和租赁押金利息收入。根据调查该大厦有效毛租金收入为 1 200 元/(年·m²)。租赁押金利息收入的确定是评估人员根据评估对象房产的租赁情况,经测算一般预交 60 元/(年·m²)作为押金,因合同期一般为一年期,按评估基准日现行一年存款利率 1.98%,利息税为 20%,计算租赁押金利息收入。租赁押金利息收入为 0.95 元/(月·m²)。设出租率取 85%,通过加权平均计算后平均租金为

$$租赁年总收入 = 有效毛租金收入 + 租赁押金利息收入 = 1 200.95 元/(年·m²)$$

假设未来 5 年的收益将基本保持这个水平。

(3) 年总费用。年总费用包括营业税及附加、房产税、保险费、维修费、管理费等。

营业税及附加:根据国务院令第 136 号《中华人民共和国营业税暂行条例》、国务院国发 [1985]19 号文颁布《中华人民共和国城市维护建设税暂行条例》,营业税为年总收入的 5%,城市维护建设税为营业税的 7%,教育费附加为营业税的 3%,合计为租赁年总收入的 5.5%。

房产税:依据《中华人民共和国房产税暂行条例》,按租赁年总收入的 12% 计算。

保险费:根据企业前三年财务报表统计资料作为参考,结合市场一般惯例,保险费按房屋建筑物重置价值的 0.2% 计算(大厦重置价 2 400 元/m²)。

维修费:根据企业前三年财务报表统计资料作为参考,结合市场一般惯例,确定维修费按房屋建筑物重置价值的 1.5% 计算。

管理费:包括管理人员费用、水电费、燃料费、邮电费等,参考相似大厦,选取管理费为租赁年总收入的 8%。

以上各项费用计算加总为 390.24 元/(月·m²)。

（4）年净收益。年净收益 = 年总收入 − 年总费用，经过计算年净收益为 810.7 元/m²。

将上述参数代入式(6-8)，计算得到建筑物市场估值为

$$m = \frac{\sum_{i=1}^{N} R_i}{\sum_{i=1}^{N}(1+r)^i} = \frac{\sum_{i=1}^{7} 810.7}{\sum_{i=1}^{7}(1+7.98\%)^i} = 3\,315.55 \text{ 元}/m^2$$

某大厦使用面积经过折减后约为 13 067 m²，因此该大厦市场价值 m' 为

$$m' = 13\,067 \times 3\,315.55 \approx 4\,332.43 \text{ 万元}$$

建筑物的损失比 λ 根据建筑物的允许变形确定。该工程中建筑物允许累积最大沉降为 10 mm，建筑物南北向测点最小间距为 10 m，考虑最危险的情况，建筑物的允许地基倾斜度为 1‰。根据维因豪芬曲线，建筑物达到允许变形值时损失比为 5%，$q_1 = 2\%$，$q_2 = 4\%$，$q_3 = 1$，$q_4 = 0.1$，$q_5 = 0.4$，则其损失值为

$$C_H = \lambda m = 5\% \times 1\,116 \times (1 - 7 \times 2\% + 0.1 \times 0.4) \times 4\% \approx 8 \text{ 万元}$$

两建筑物的损失值相差 16 倍，但是作为上海市三级优秀近代保护性建筑，老楼的价值和社会影响无法完全用金钱来衡量。

4. 工程安全风险预警标准

该例中老楼使用已超过 99 年，且为上海市重要保护建筑，其风险经济损失计算值虽然小于某大厦，但其发生险情可能造成的社会影响和历史价值难以通过金钱衡量，因此，本例中工程安全风险预警标准采用符合老楼安全要求的标准来设计，见表 7-2。

表 7-2 工程安全风险预警标准

概率等级	一级	二级	三级	四级	五级
$\delta_{vm}/\delta_{hm}(\zeta)$	$\zeta > 0.66$	$0.43 < \zeta \leqslant 0.66$	$0.30 < \zeta \leqslant 0.43$	$0.16 < \zeta \leqslant 0.30$	$\zeta \leqslant 0.16$
δ_{hm}/mm	$\delta < 14$	$14 \leqslant \delta < 22$	$22 \leqslant \delta < 32$	$32 \leqslant \delta < 60$	$\delta \leqslant 60$

7.2.3 安全风险预警标准适用性分析

对该工程实测数据分析，该例中工程周围老楼 12 月 4 日出现险情，此时工程周围土体和建筑物已产生了可见裂缝，裂缝宽度约为 2 mm，建筑物倾斜度也达到 1.46‰，大于允许倾斜值。但围护墙水平位移最大值仅为 28.4 mm(CX3)，仍未达到采用传统方法制定的报警值 30 mm，见图 7-3、图 7-4。

对照表 7-2 的该基坑安全风险预警标准，当围护墙变形达到 28.4 mm 时，工程处于三级风险状态，三级风险对应的风险接受准则是：引起重视，需防范、采取监控措施。可见采用安全风险预警标准的判断结果比较符合实际工况。

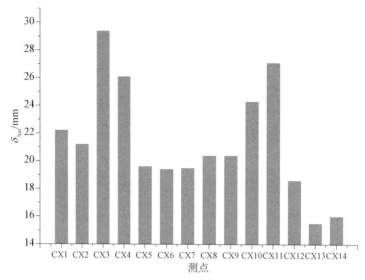

图 7 - 3　12 月 4 日围护墙测点水平位移最大值

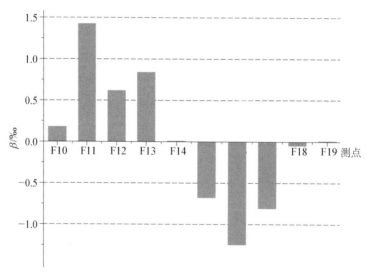

图 7 - 4　12 月 4 日老楼倾斜度最大值

由图 7 - 5 可见,在老楼出现险情前两日,即 12 月 2 日,老楼周围的测斜点 CX3、CX4 处围护墙变形最大值分别为 27 mm、24.5 mm。对照该工程安全风险预警标准,此时工程已处于三级风险。此外,除 CX3 点变形一直较大以外(在 11 月 11 日就超过 22 mm),其他测点中位移较大的 CX11、CX4 点等均是在 11 月 29 日超过 22 mm,进入三级风险,而在之后的第 5 日就产生了险情。与之对比的是,当 CX3 达到报警值 30 mm 时,已为 12 月 10 日,老楼出现险情已达一周左右。可见安全风险预警标准对险情的判断比较符合工程实际,且存在 3～7 d 的预警期,使施工单位能够及时采取措施,达到工程安全预警的要求。

通过上述实例验证,按照工程安全风险预警标准对实际工程风险等级进行判断、预警是可行的,也是比较符合实际工程状况的。

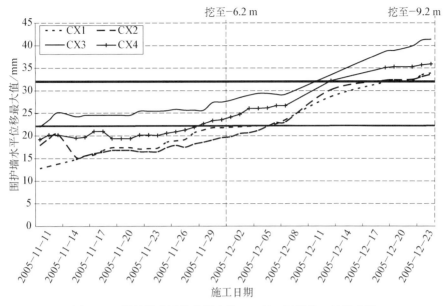

图 7‐5 围护墙水平位移最大值——第一阶段施工过程曲线

7.3 工程案例二

以第 2 章中工程案例二为例,再次验证工程安全风险预警标准的合理性。

7.3.1 工程概况

工程概况可参见第 2 章相关内容。该工程围护墙水平累计位移报警值为 50 mm。工程四周道路下均有较密集的地下管线,如图 7‐6 所示。

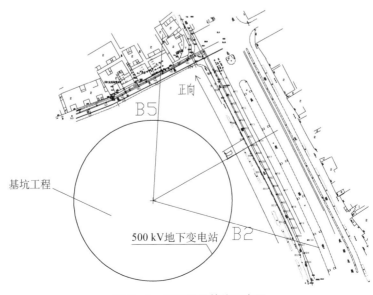

图 7‐6 工程周围管线示意图

周围管线主要情况见表 7 - 3。

表 7 - 3　　　　　　　　　　　　地下管线变形(沉降、位移)监测

管线位置分类	山海关路侧	大田路侧	成都北路侧	北京西路侧
管线类型	电力管线	电力管线	信息 36 孔管线	上水 300 管线
	煤气 300 管线	上水 300 管线	煤气 300 管线	
	上水 600 管线		上水 1000 管线	
			合流 3600 管线	

由于成都北路高架一侧地下管线距离工程较近,受工程开挖影响较大的管线主要是信息管线(H)、煤气管线(M)和上水管线(S),因此本书主要分析这三条被监测管线的变形情况,见表 7 - 4。

表 7 - 4　　　　　　　　　　　成都北路高架侧地下管线概况

管线参数	上水 1000 管线(S)	煤气 300 管线(M)	信息 36 孔管线(H)
尺寸/mm	$\phi 1\,000$	$\phi 300$	$1\,000 \times 400$
材料	铸铁	钢	PVC
埋深/m	1.7	1.4	1.2

7.3.2　工程安全风险预警标准

由于该工程主要环境安全问题集中在周围管线上,因此采用 6.3.2 节中方法考虑周围管线安全建立工程安全风险预警标准。

该工程采用的三种管线的事故损失值以及相应的损失风险指标如表 7 - 5 所示。

表 7 - 5　　　　　　　　　　　　　各管线损失分析

计算参数	H	M	S
θ	50%	50%	50%
A_C	电信管线 1 500 元/门	煤气管线 1 000 元/m	自来水管线 600 元/m
L_C	1 门	10 m	5 m
T		1	2
k		2	0.3
α		1.05	1.84
B		2 000	2 000
ξ	0.5	3	2
C	11 250 元	36 800 元	11 124 元
C_p	5	5	5

管线单位造价选取依据京政发[1993]34 号文。由于该工程土建造价接近 4.4 亿元,所以根据风险直接损失评价标准,上述计算得到的损失均为 5 级($C<4$ 万元),但为了更准确地确定围护结构的监测报警值,进一步细化其损失状况,按照其损失金额数与第 5 级最大损失值相比得到风险的修正系数,H、M、S 依次为 0.283、0.92、0.278,由此得到三条管线的权重 w 依次为 $w_1=0.191$,$w_2=0.621$,$w_3=0.188$,三者之中煤气管线破坏后的损失最大。

在该工程中管线沉降的允许值 δ_{vmi} 为:| 日变量 |$\geqslant 3$ mm 或 | 累计变量 |$\geqslant 10$ mm。三种管线的 δ_{vmi} 均相同。

根据表 6-6 和式(5-45),确定

$$\delta_{hmD}=10\left\{\gamma\zeta\exp\left[-\frac{(\sqrt{D^2+r_0^2}-D_{vmD}-r)^2}{t(D_{vD}-D_{vmD})^2}\right]\right\}^{-1} \tag{7-2}$$

式(7-2)中 ζ 的概率分布特征已经在前文中通过统计得到,表 6-6 列出了不同安全风险等级对应的 ζ 值。参数 γ 为地表沉降与管线沉降之比,可根据实际情况选取,与管线埋深、土层条件以及管线材质有关,一般情况取 1.25。根据《上海市地基基础设计规范条文说明》,$t=0.3\sim 0.35$。

该工程中 D_{vmD} 等于 $0.5H_e$ 的概率密度最大,即 $D_{vmD}=17$ m,r_0 为 90 m,所以 $r_0>D_{vmD}+r$。假设该圆形工程变形均匀,也就是每个点 D_{vmD} 均相等,则管线上最大沉降值有一点,且为距工程最近处,即图 5-70 中的 O' 点。三根管线的 D、D_{vmD} 和 D_{vD} 见表 7-6。

表 7-6　　　　　　　　　　各管线计算参数

管线参数	信息 36 孔管线 H	煤气 300 管线 M	上水 1000 管线 S
r_0	90	92	94
r	65	65	65
D_{vmD}	17	17	17
D_{vD}	53.72	53.72	53.72
D	0	0	0

将三种管线的参数分别代入式(7-2),得到按照管线变形确定的 δ_{hm} 与 ζ 的关系。设满足 H 管线变形要求的围护墙最大水平位移值为 δ_{hm1}^0,满足 S 管线变形要求的围护墙最大水平位移值为 δ_{hm2}^0,满足 M 管线变形要求的围护墙最大水平位移值为 δ_{hm3}^0,考虑到实际工程的应用性,对最后结果取整。参考表 6-6 得到三条管线的预警标准如表 7-7 所示。

表 7-7　　　　　　　　工程安全风险分项预警标准(管线)

概率等级	一级	二级	三级	四级	五级
$\delta_{vm}/\delta_{hm}(\zeta)$	$\zeta>0.66$	$0.43<\zeta\leqslant 0.66$	$0.3<\zeta\leqslant 0.43$	$0.16<\zeta\leqslant 0.30$	$\zeta\leqslant 0.16$
$\delta_{hm1}^0/$ mm	$\delta<14$	$14\leqslant\delta<22$	$22\leqslant\delta<31$	$31\leqslant\delta<60$	$\delta\geqslant 60$
$\delta_{hm2}^0/$ mm	$\delta<16$	$16\leqslant\delta<24$	$24\leqslant\delta<34$	$34\leqslant\delta<64$	$\delta\geqslant 64$
$\delta_{hm3}^0/$ mm	$\delta<17$	$17\leqslant\delta<27$	$27\leqslant\delta<38$	$38\leqslant\delta<71$	$\delta\geqslant 71$

根据式(6-9),结合管线损失分析,该工程的安全风险预警标准如表7-8所示。

表7-8　　　　　　　　　　深开挖工程安全风险预警标准(管线)

概率等级	一级	二级	三级	四级	五级
δ_{hm}^0/mm	$\delta < 16$	$16 \leqslant \delta < 24$	$24 \leqslant \delta < 34$	$34 \leqslant \delta < 64$	$\delta \geqslant 64$

按照工程环境为"绿场"时再设计安全风险预警标准。如前所述,工程位于上海市典型软土地区,开挖深度为34 m,工程竖向支撑系统采用1 m厚地下连续墙,深53 m,插入比为0.703。水平向支撑系统为结构楼板和两道圈梁以及一道压顶梁。根据式(4-3),该工程支撑系统刚度为2 500。按照工程开挖深度、所在地区地质条件、工程支撑系统刚度确定的围护墙最大水平位移值标准依次为δ_{hm4}^0、δ_{hm5}^0、δ_{hm6}^0。

按照开挖深度确定工程安全风险预警标准,如表7-9所示。

表7-9　　　　　　　　　　深开挖工程安全风险预警标准(开挖深度)

风险等级	一级	二级	三级	四级	五级
概率密度	$< f_m$	$f_m \sim 0.75 f_m$	$0.75 f_m \sim 0.5 f_m$	$0.5 f_m \sim 0.25 f_m$	$> 0.25 f_m$
δ_{hm}/H_e /‰	< 0.86	$0.86 \sim 1.38$	$1.38 \sim 1.73$	$1.73 \sim 2.28$	> 2.28
δ_{hm4}^0/mm	$\delta < 29$	$29 \leqslant \delta < 47$	$47 \leqslant \delta < 59$	$59 \leqslant \delta < 78$	$\delta > 78$

按照工程所在地区确定工程安全风险预警标准,如表7-10所示。

表7-10　　　　　　　　　　深开挖工程安全风险预警标准(地区)

风险等级	一级	二级	三级	四级	五级
概率密度	$< f_m$	$f_m \sim 0.75 f_m$	$0.75 f_m \sim 0.5 f_m$	$0.5 f_m \sim 0.25 f_m$	$> 0.25 f_m$
δ_{hm}/H_e /‰	< 2.29	$2.29 \sim 3.56$	$3.56 \sim 4.5$	$4.5 \sim 5.89$	> 5.89
δ_{hm5}^0/mm	$\delta < 78$	$78 \leqslant \delta < 132$	$132 \leqslant \delta < 155$	$155 \leqslant \delta < 200$	$\delta > 200$

按照支撑系统刚度确定工程安全风险预警标准,如表7-11所示。

表7-11　　　　　　　　　　深开挖工程安全风险预警标准(支撑系统刚度)

风险等级	一级	二级	三级	四级	五级
概率密度	$< f_m$	$f_m \sim 0.75 f_m$	$0.75 f_m \sim 0.5 f_m$	$0.5 f_m \sim 0.25 f_m$	$> 0.25 f_m$
δ_{hm}/H_e /‰	< 0.69	$0.69 \sim 1.73$	$1.73 \sim 2.78$	$2.78 \sim 4.54$	> 4.54
δ_{hm6}^0/mm	$\delta < 23$	$23 \leqslant \delta < 59$	$59 \leqslant \delta < 95$	$95 \leqslant \delta < 154$	$\delta > 154$

对比表7-8—表7-11的计算结果,对于该工程考虑管线的安全后制定的风险预警标准

（表 7-8）要求最严格，而考虑开挖深度制定的预警标准（表 7-9）其次。按照地域和支撑系统刚度制定的预警标准相对来说不太合理。

7.3.3　安全风险预警标准适用性分析

该工程围护墙各测点水平位移最大值 δ_{hm}，如图 7-7 所示。

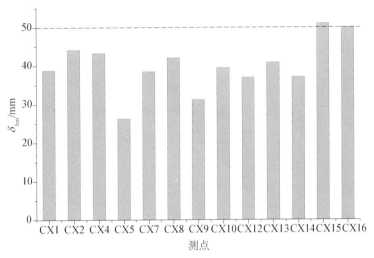

图 7-7　围护墙测点水平位移最大值

工程开挖结束围护墙水平位移最大值为 51 mm，刚超过报警值（50 mm）。

而管线沉降超过报警值时是工程开挖到 B2 板，即－19.05 m，此时管线变形情况，以及主要影响管线变形的围护墙位置相关的测斜测点 CX1、CX2、CX16 在开挖至 B2 板施工期间发展情况见图 7-8、图 7-9。

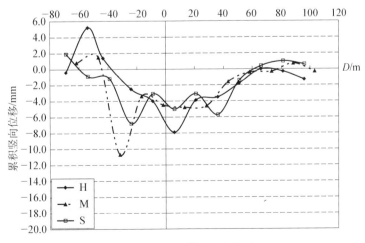

图 7-8　坑外管线竖向位移

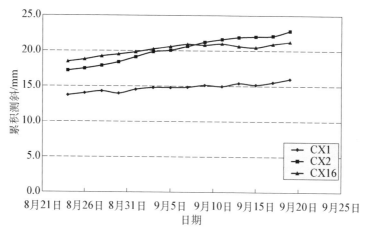

图 7-9　B2 板施工期间围护结构侧向位移

对比上面结果可见,在该例中,当工程周围管线沉降出现报警时,与管线相临近的围护墙侧移并未达到工程报警值(50 mm),最大值仅有 23.5 mm。根据上海市《基坑工程设计规程》(DBJ08-61-97),该一级基坑工程的监测预警值也为 50 mm。根据《上海地铁深开挖工程施工规程》(SZ-08-2000),该工程围护墙水平位移监测预警值为 $1.4‰H_e$,即 47.6 mm,这与上海市《地基基础设计规范》(DGJ08-11-1999)的要求也相同。

显然工程还未达到围护结构测斜监测报警值时工程周围环境就发生了警情,说明按照这样的标准进行围护结构水平位移的设计有待改进。

对比根据管线安全制定的安全风险预警标准(表 7-8)可见,当工程围护结构最大值达到 23.5 mm 时,工程处于二级风险,偏三级风险。

二级风险对应的风险接受准则是:引起注意,需常规管理审视;三级风险对应的风险接受准则是:引起重视,需防范、采取监控措施。这与实际险情状况相符。

若根据表 7-9—表 7-11,当工程围护结构最大值达到 23.5 mm 时,工程处于一级风险。一级风险对应的风险接受准则是:不必进行管理、审视。这与实际险情状况不符。可见采用考虑管线安全状况对工程安全风险预警指标进行修正是合适的,能够使预警标准更加符合工程实际。

参考文献

边亦海,黄宏伟.2006.SMW工法支护结构失效概率的模糊事故树分析[J].岩土工程学报,(5):664-668.

边亦海,黄宏伟.2006.可信性方法在深基坑工程施工期风险分析中的应用[J].地下空间与工程学报,2(1):35-38.

边亦海,黄宏伟.2006.深基坑开挖引起的建筑物破坏风险评估[J].岩土工程学报,28(11):1892-1896.

边亦海.2006.基于风险分析的软土地区深基坑支护方案选择[D].上海:同济大学.

边占利.2001.深基坑工程监测和控制[J].岩土工程界,4(7):250-255.

曹卫民,季晓华.2007.基坑工程的风险管理探讨[J].建筑技术开发(8):24-28.

曾洪飞,周健,贾斌.2004.RBP神经网络在深基坑监测预测中的运用[J].上海地质(90):44-47.

陈方方,李宁,张志强,等.2006.岩土工程反分析方法研究现状与若干问题探讨[J].水利与建筑工程学报,4(3):54-58.

陈龙.2004.城市软土盾构隧道施工期风险分析与评估研究[D].上海:同济大学.

陈潇,孙晓鸣,陈俊春.2011.基于主成分分析法的深基坑监测指标研究[J].建筑施工(11):969-971.

陈震,陈鸣皋.1995.深基坑挡土支护结构的可靠度分析[J].青岛建筑工程学院学报,16(4):18-25.

程显锋,刘国彬,周华,等.2007.基坑开挖导致邻近建筑物破坏的实测分析与机理研究[J].结构工程师,23(5):66-69.

邓修甫,高文华.2004.基坑围护结构及周围环境变形的预测[J].中国安全科学学报,14(3):23-25.

段绍伟,沈蒲生.2005.深基坑开挖引起邻近管线破坏分析[J].工程力学,22(4):79-83.

范益群,钟万勰,刘建航.2000.时空效应理论与软土基坑工程现代设计概念[J].清华大学学报:自然科学版,40(增1):49-53.

房营光,方引晴.2001.城市地下工程安全性问题分析及病害防治方法[J].广东工业大学学报,18(3):1-5.

高广运,黄诚,孙雨明.2002.遗传BP神经网络在深基坑开挖监测中的应用[J].地下空间,22(4):290-294.

高沛峻,邓安福,李健.2000.应用BP网络预测内撑式人工挖孔桩支护结构的水平变形[J].地下空间,20(3):161-166.

高文华,杨林德,沈蒲生.2001.基坑变形预测与周围环境保护[J].岩石力学与工程学报,20(4):555-559.

龚士良.2003.台湾地面沉降现状与防治对策[J].中国地质灾害与防治学报,14(3):24-31.

猴娜.2006.神经网络算法在自适应卡尔曼滤波器中的应用[J].战术导弹控制技术(2):5423-5427.

国家煤炭工业局.2000.建筑物、水体、铁路及主要巷道保护煤柱留设与压煤开采规程[S].北京:煤炭工业出版社.

侯学渊,刘国彬,黄院雄.2000.城市基坑工程发展的几点看法[J].施工技术,29(1):5-7.

胡益民.1996.深基坑支护桩的可靠性分析[J].武汉城市建设学院学报,13(4):67-69.

胡友健,李梅,赖祖龙等.2001.深基坑工程监测数据处理与预测报警系统[J].焦作工学院学报:自然科学版,20(2):130-135.

183

黄宏伟,边亦海.2005.深基坑工程施工中的风险管理[J].地下空间与工程学报.1(4):611-614.

黄宏伟,孙钧.1994.基于 Bayesian 广义参数反分析[J].岩石力学与工程学报,13(3):219-228.

黄宏伟,支国华.1997.基坑围护结构系统的性态及其状态变量[J].岩土力学,18(3):7-12.

黄宏伟.2006.上海宝钢1880热轧带钢工程漩流池基坑监测报告[R].上海:同济大学地下建筑与工程系.

黄宏伟.2007.上海港国际客运中心西块基坑专题研究报告[R].上海:同济大学.

黄宏伟.2008.宝钢深基坑和深基坑群施工风险评估与控制研究报告[R].上海:同济大学地下建筑与工程系.

黄宏伟.2008.上海世博500 kV变电站深层地下结构施工中关键技术研究报告[R].上海:同济大学.

黄宏伟.2006.隧道及地下工程建设中的风险管理研究进展[J].地下空间与工程学报,2(1):13-20.

贾洪斌.2007.深基坑开挖对周围地埋管线的影响分析[D].上海:同济大学.

况龙川,殷景峰.1998.水泥土支护体稳定性验算的可靠度分析[J].西安工程学院学报,20(S1):89-92.

李大勇.2001.软土地基深基坑工程邻近地下管线的性状研究[D].杭州:浙江大学.

李宏义.2000.基坑变形灰色预测预警系统[J].勘察科学技术(6):40-45.

李惠强,徐晓敏.2001.建设工程事故风险路径、风险源分析与风险概率估算[J].工程力学(增刊):716-719.

李玉峰.2004.地下工程灾害预警信息化研究方法及其应用[J].企业技术开发,23(6):38-40.

廖少明,刘朝明,王建华,等.2006.地铁深基坑变形数据的挖掘分析与风险识别[J].岩土工程学报,28(增刊):1897-1901.

廖瑛.2003.深基坑支护结构抗倾覆破坏稳定可靠性分析[J].工程勘察(6):37-39.

廖瑛.2004.基坑支护结构的稳定可靠度研究[J].工业建筑,34(1):54-56.

刘登攀.2008.紧邻基坑的建筑物变形特性及安全评估研究[D].上海:同济大学.

刘国彬,白廷辉,罗成恒.2003.深基坑工程自动监测系统的研究及应用[J].上海建设科技(4):50-52.

刘国彬,沈建明,侯学渊.1998.深基坑支护结构的可靠度分析[J].同济大学学报,26(3):260-264.

刘怀恒.1988.地下工程位移反分析原理、应用及发展[J].西安矿业学院学报,8(3):1-11.

刘建航,侯学渊.1997.基坑工程手册[M],北京:中国建筑工业出版社.

刘杰.2008.黄土地区地铁车站基坑围护结构变形规律监测与数值模拟研究[D].西安:西安科技大学.

刘涛.2007.基于数据挖掘的基坑工程安全评估与变形预测研究[D].上海:同济大学.

刘兴旺,施祖院,益德清,等.1999.软土地区基坑开挖变形性状研究[J].岩土工程学报,21(4):456-460.

吕凤梧.2003.深基坑施工过程多支撑挡土墙动态可靠度计算[J].工业建筑,33(7):1-6.

马广生,胡延涛,李彬,等.2012.深基坑位移激光传感自动监测及远、近程预警系统的开发与应用[J].安徽建筑(6):178-182.

毛金萍,钟建驰,徐伟.2003.深基坑支护结构方案的风险分析[J].建筑施工,25(4):249-252.

倪立峰,李爱群,韩晓林,等.2002.深基坑变形的动态神经网络实时建模预报方法[J].振动、测试与诊断,22(3):217-220.

庞红军,卫建东,黄威然.2012.基于测量机器人的深基坑围护结构变形监测技术探讨[J].隧道建设,32(4):552-556.

任锋,刘俊岩,裴现勇,等.2007.深基坑工程风险评估的决策支持系统[J].济南大学学报:自然科学版,21(2):186-190.

上海现代建筑设计(集团)有限公司.1999.上海市工程建设强制性规范 DGJ08-11-1999 地基基础设计规范[S].上海:上海市工程建设标准化办公室.

松尾稔.1990.地基工程学——可靠性设计的理论和实际[M].北京:人民交通出版社.

孙海涛,吴限.1998.深基坑工程变形预报神经网络法的初步研究[J].岩土力学,19(4):63-68.

孙钧,黄伟.1992.岩石力学参数弹塑性反演问题的优化方法.岩石力学与工程学报,11(3):221-229.

孙树林,吴绍明,裴洪军.2005.多层支撑深基坑变形数值模拟正交试验设计研究[J].岩土力学,26(11):1771-1774.

唐孟雄,赵锡宏.1996.深基坑周围地表沉降及变形分析[J].建筑科学(4):31-35.

唐孟雄,赵锡宏.1996.深基坑周围地表任意点移动变形计算及应用[J].同济大学学报:自然科学版,24(3):238-244.

童峰.1996.重力式挡墙可靠度分析研究[D].上海:同济大学.

王洪德,秦玉宾,崔铁军,等.2013.深基坑围护结构变形远程监测预警系统[J].辽宁工程技术大学学报:自然科学版(1):14-18.

王靖涛,曹红林.2003.用小波神经网络预测深基坑周围地表的沉降量[J].土工基础,17(4):58-60.

王铁梦.1997.工程结构裂缝控制[M].北京:中国建筑工业出版社.

王卫东,吴江斌,黄绍铭.2005.上海地区建筑基坑工程的新进展与特点[J].地下空间与工程学报,1(4):547-553.

王泳嘉,冯夏庭.1996.关于计算岩石力学发展的几点思考[J].岩土工程学报,18(4):103-104.

王岳森,李岱松.2006.失败学原理在工程安全管理及危机预警中的应用[J].科研管理,27(4):125-129.

韦立德,徐卫亚,蒋中明,等.2003.深基坑支护结构水平变形预测的遗传神经网络方法[J].工程地质学报,11(3):297-301.

吴沛轸,王明俊,彭严儒.1997.连续壁变形行为探讨[C]//第七届大地工程学术研究讨论会.

吴韬,李剑,刘涛.2008.风险管理在异形深基坑工程中的应用[J].河南大学学报:自然科学版,38(1):107-110.

谢百钧.1999.黏土层开挖引致地盘移动之预测[D].台北:台湾科技大学营建工程技术研究所.

熊孝波,孙钧,赵其华,等.2003.润扬大桥南汊北锚碇深基坑工程施工变形智能预测与控制研究[J].岩石力学与工程学报,22(12):1966-1970.

熊孝波.2003.深大基础工程施工变形的智能预测与控制研究[D].上海:同济大学.

徐超,杨林德.1997.支护开挖坑底抗隆起的概率分析[J].水文地质工程地质(6):33-36.

徐中华,王卫东.2010.深基坑变形控制指标研究[J].地下空间与工程学报,6(3):619-626.

徐中华.2007.上海地区支护结构与主体地下结构相结合的深基坑变形性状研究[D].上海:上海交通大学.

许梦国,娄永忠.2004.深基坑支护系统稳定性可靠度分析[J].工业安全与环保,30(8):14-15.

杨国伟.2001.深基坑及其邻近建筑保护研究[D].上海:同济大学.

杨林德,徐超.1999.Monte Carlo模拟法与基坑变形的可靠度分析[J].岩土力学,20(1):15-18.

杨林德.1996.岩土工程问题的反演理论与工程实践[M].北京:科学出版社.

杨志法,刘竹华.1981.位移反分析法在地下工程设计中的初步应用[J].地下工程(2):20-24.

杨志法,王思敬,冯紫良,等.2002.岩土工程反分析原理及应用[M].北京:地震出版社.

杨子胜,杨建中,杨毅辉.2004.基坑工程项目风险管理研究[J].科技情报开发与经济,14(9):205-207.

姚翠生.2005.流砂地层深基坑施工风险分析[J].山西建筑,31(3):58-59.

叶俊能,刘干斌.2012.宁波地区深基坑工程施工预警指标及风险评估研究[J].地下空间与工程学报,8(增刊1):1397-1402.

樱井春辅.1986.地下洞室设计和监控的一种途径[J].隧道译丛(4):13-25.

袁金荣,朱莉莉.2007.新加坡Kent Ridge地铁环线站围护结构设计[J].地下工程与隧道(1):25-31.

袁金荣,池毓蔚,刘学增.2000.深基坑墙体位移的神经网络动态预测[J].同济大学学报,28(3):282-286.

袁金荣,赵福勇.2001.基坑变形预测的时间序列分析[J].土木工程学报,34(6):55-59.

张树光,张向东,李永靖.2001.深基坑周围地表沉降的人工神经网络预测[J].辽宁工程技术大学学报:自然科学版,20(6):767-769.

张小敏.2003.基坑支护稳定性的模糊可靠度分析[J].西部探矿工程(9):7-9.

赵平,惠波.2006.深基坑土钉支护的模糊可靠度分析[J].岩土工程技术,20(6):278-281.

中华人民共和国建设部.2007.地铁及地下工程建设风险管理指南[M].北京:中国建筑工业出版社.

中华人民共和国建设部. 2012. JGJ120—2012 建筑基坑支护技术规程[S]. 北京:中国建筑工业出版社.

仲景冰,李惠强,吴静. 2003. 工程失败的路径及风险源因素的 FTA 分析方法[J]. 华中科技大学学报:城市科学版,20(1):14 - 17.

周学明,袁良英,蔡坚强,等. 2005. 上海地区软土分布特征及软土地基变形实例浅析[J]. 上海地质(4):6 - 9.

Anderson J, Reilly J J, Isaksson T. 1999. Risk Mitigation for Tunnel Projects-A Structured Approach [C]// Proc. World Tunnel Congress 99 ITA Conference, Oslo:[s. n.]:703 - 712.

Attewell P B, Yeates J, Selby A R. 1986. Soil Movements Induced by Tunnelling and Their Effects on Pipelines and Structures [M]. London: Blackie and Son Ltd.

Basma A A. 1991. Safety and Reliability of Anchored Bulkhead Walls [J]. Structural Safety, 10(5):283 - 295.

Bjerrum L, Eide O. 1996 . Stability of Strutted Excavation in City [J]. Geotechnique. 6(1):32 - 47.

Bjerrum L. 1963. Contribution to Discussion [C]//Proc. European Conf. on Soil Mechanics and Foundation Engineering, Session VI. Wiesbaden:[s. n.].

Bjerrum L. Discussion on "Proceedings of the European Conference on Soil Mechanics and Foundation Engineering" [M]. Oslo:Norwegian Geotech. Inst. Publ.

Blanchard O J, Fischer S. 1989. Lectures on Macroeconomics [M]. Cambridge :MIT Press.

Bohm P O, Lind H. 1993. Policy Evaluation Quality-A Quasi-experimental Study of Regional Employment Subsidies in Sweden [J]. Regional and Urban Economics, 23(1):51 - 65.

Boone S J, Westland J, Nusink R. 1999. Comparative Evaluation of Building Responses to an Adjacent Braced Excavation [J]. Canadian Geotechnical Journal, 36(2):210 - 223.

Boone S J. 1996. Ground-movement-related Building Damage [J]. Journal of Geotechnical Engineering, ASCE, 122(11):886 - 896.

Boone S J. 1998. Ground-movement-related Building Damage: Closure [J]. Journal of Geotechnical and Geoenvironmental Engineering, ASCE, 124(5):463 - 465.

Boone S J. 2001. Assessing Construction and Settlement-induced Building Damage: A Return to Fundamental Principles [C]//Proceedings, Underground Construction. London : Institution of Mining and Metalurgy: 559 - 570.

Boone S J. 2001. Assessing Construction and Settlement-induced Building Damage: A Return to Fundamental Principles [C]//Proceedings of Underground Construction. London:Institution of Mining and Metalurgy: 559 - 570.

Boscardin M D, Cording E J. 1989. Building Response to Excavation-induced Settlement [J]. Journal of Geotechnical Engineering, ASCE, 115(1):1 - 21.

Bowles J E. 1988. Foundation Analysis and Design [M]. 4th edition. New York:McGraw-Hill Book Company.

Bracegirdle A, Mair R J, Nyren R J. A Methodology for Evaluating Potential Damage to Cast Iron Pipes Induced by Tunneling [C]//Proceedings on the Geotechnical Aspects of Underground Construction in Soft Ground. London:[s. n.]:659 - 664.

Bransby P L, Milligan G W E. 1975. Soil Deformations near Cantilever Sheer Pile Walls [J]. Geotechnique, 25(2):175 - 195.

Burland J B, Wroth C P. 1974. Settlement of Buildings and Associated Damage [C]//Conf. on Settlement of Structures. London:Pentech Press.

Burland J B, Standing J R, Jardine F M (Ed.). 2002. Building Response to Tunneling Case Studies from Construction of the Jubilee Line Extension [R]. Volume 1:Projects and Methods. Volume 2:Case Studies.

CIRIA Report No. SP200. London:CIRIA.

Burland J B, Wroth C P. 1975. Settlement of Buildings and Associated Damage [M]//Building Research Establishment Current Paper. Watford: Building Research Establishment.

Burland J B. 1995. Assessment of Risk of Damage to Buildings due to Tunnelling and Excavations: Invited Special Lecture [C]//Proc. 1st Int. Conf Earthqake Geotechnical Engineering IS-Tokyo'95. Tokyo: [s. n.]:1189 - 1201.

Casagrande A. 1965. Role of the Calculated Risk in Earthwork and Foundation Engineering: The Tezaghi Lecture [J]. Journal of Soil Mechanics Division, ASCE, 91(4):1 - 40.

Cherubini C, Garrasi A, Petrolla C. 1992. The Reliability of an Anchored Sheet-pile Wall Embedded in a Cohesionless Soil [J]. Can. Geotech. 29(3), 426 - 435.

Choi Hyun-Ho, Cho Hyo-Nam, Seo J W. 2004. Risk Assessment Methodology for Underground Construction Projects [J]. Journal of Construction Engineering and Management, 130(2):258 - 272.

Clayton C R I. 2001. Managing Geotechnical Risk-Improving Productivity in UK Building and Construction [R]. London:Institution of Civil Engineers.

Clough G W, Smith E M, Sweeney B P. 1989. Movement Control of Excavation Support Systems by Iterative Design [C]//Proceedings of ASCE Foundation Engineering: Current Principles and Practice, Volume 2. New York: ASCE:869 - 884.

Clough G W, O'Rourke T D. 1990. Construction-induced Movements of In-situ Walls [C]//ASCE Conference on Design and Performance of Earth Retaining Structures, Geotechnical Special Publication, No. 25. New York: ASCE:439 - 470.

Clough G W, Schmidt B. 1981. Design and Performance of Excavations and Tunnels in Soft Clay [J]. Soft Clay Engineering, 600 - 634.

Day R A, Potts D M. 1993. Modelling Sheet Pile Retaining Walls [J]. Computers and Geotechnics, 15(3): 125 - 143.

Duncan J M. 2000. Factors of Safety and Reliability in Geotechnical Engineering [J]. Journal of Geotechnical and Geoenvironmental Engineering, 126 (4):307 - 316.

Einstein H H. 1996. Risk and Risk Analysis in Rock Engineering [J]. Tunneling and Underground Space Technology, 2(11):141 - 155.

Faber M H. 2001. Risk and Safety in Civil Engineering [R]. Switzerland:Swiss Federal Institute of Technology.

Faber M H. 2003. Risk and Safety in Civil, Surveying and Environmental Engineering [M]. Zürich:ETHZ.

Federal Emergency Management Agency. 1981. CPG 1 - 14: Principles of Warning and Criteria Governing Eligibility of National Warning System(NAWAS) Terminals [M]. Washington D. C. Government Printing Office.

Finno Richard J, Bryson L Sebastian. 2002. Response of Building Adjacent to Stiff Excavation Support System in Soft Clay [J]. Journal of Performance of Constructed Facilities, 16(1):10 - 20.

Finno Richard J, Voss Frank T, Rossow Jr Edwin, et al. 2005. Evaluating Damage Potential to Buildings Affected by Excavations [J]. Journal of Geotechnical and Geoenvironmental Engineering, 131 (10): 1119 -1210.

Goh A T C, Kulhawy F H, Chua C G. 2005. Bayesian Neural Network Analysis of Undrained Side Resistance of Drilled Shafts [J]. Geotech. Eng. ASCE, 131 (1):84 - 93.

Goh A T C, Kulhawy F H, Wong K S. Reliability Assessment of Basal-Heave Stability for Braced Excavations in Clay [J]. 2008. Journal of Geotechnical and Geoenvironmental Engineering, 134(2):145 -

153.

Goh A T C，Wong K S，Broms B B. 1995. Estimation of Lateral Wall Movements in Braced Excavations Using Neural Networks [J]. Can Geotech，32：1059 - 1064.

Goldberg D T，Jaworski W E，Gordon M D. 1976. Lateral Support Systems and Underpinning [R]. Report No. FHWA - RD - 75 - 129，Volume 2. Washington：Federal Highway Administration.

Heath G R. 1997. Structures：How Ground Settlement Affects Them [J]. Tunnels Tunnel Int 10 ：38 - 40.

Gu Leiyu，Huang Hongwei，Chen Wei. 2008. Probability Statistic Analysis of the Main Control Parameters of Ground Settlement Curve due to Deep Excavation [C]//Boundaries of Rock Mechanics. [s. l.]：Taylor & Francis Ltd：613 - 617.

Ho K，Leroi E，Roberds B. 2000. Quantitative Risk Assessment [C]//Invited Lecture：Application，Myths and Future Direction. Geo. Eng.

Hsieh P G，Ou C Y. 1998. Shape of Ground Surface Settlement Profiles Caused by Excavation [J]. Canadian Geotechnical Journal，35(6)：1004 - 1017.

Ingles O G. 1978. Statistics，Probability and Trends [C]//Myers Medal Lecture in Design and Construction of Flexible Parameters. Unisearch，2，AI - 30.

International Tunnel Association. 2004. Guidelines for Tunneling Risk Management [S]. [s. l.]：International Tunnel Association.

Jill Roboski，Riehard J Finno. 2006. Distributions of Ground Movements Parallel to Deep Exeavations in Clay [J]. Can. Geotech，43：43 - 58.

John T Christian，Hon M. 2004. Geotechnical Engineering Reliability：How Well Do We Know What We Are Doing? [J]. Journal of Geotechnical and Geoenvironmental Engineering，ASCE，8：985 - 1003.

Lee Jin Ho. 1996. Statistical Deterioration Models for Condition Assessment of Older Buildings [D].

Lin D G，Chung T C ，Phien-wej N. 2003. Quantitative Evaluation of Corner Effect on Deformation Behavior of Multi-strutted Deep Excavation in Bangkok Subsoil [J]. Geotechnical Engineering，34(1)：41 - 5.

M Th van Staveren，M T van der Meer. 2007. Educating Geotechnical Risk Management [C]//First International Symposium on Geotechnical Safety & Risk. Shanghai：Tongji University.

Mair R J，Taylor R N，Burland J B. 1996. Prediction of Ground Movements and Assessment of Risk of Building Damage due to Bored Tunnelling [M]//Geotechnical Aspects of Underground Construction in Soft Ground (eds Mair R J and Taylor R N). Rotterdam：Balkema：713 - 718.

Mana A I，Clough G W. 1981. Prediction of Movements for Braced Cuts in Clay [J]. Journal of the Geotechnical Engineering Division，ASCE，107(6)：759 - 77.

Marin D. 1992. Is the Export-led Growth Hypothesis Valid for Industrialized Countries? [J]. Review of Economics and Statistics，74(4)：678 - 688.

Martin Th van Staveren，Ton J M Peters. 2004. Matching Monitoring，Risk Allocation and Geotechnical Baseline Reports [M]//Robert Hack，Rafig Azzam，Robert Charlier Eds. Engineering Geology for Infrastructure Planning in Europe. Berlin，Heidelberg：Springer，104：786 - 791.

Matsuo M，Kawamura K. 1980. A Design Method of Deep Excavation in Cohesive Soil Based on the Reliability Theory [J]. Soil and Foundations，20(1)：61 - 75.

Meyerhof G G. 1947. The Settlement Analysis of Building Frames [J]. Structure Engineering，25(8)：369 - 375.

Milligan G W E. 1983. Soil Deformation Near Anchored Sheet-pile Walls [J]. Geotechnique，33(1)：41 - 55.

Molendijk W O，Aantjes A T. 2003. Risk Management of Earthworks Using GeoQ [C]//Proceedings of Piarc. Durban：World Road Congress：43.

Moorak Son, Edward J Cording. 2005. Estimation of Building Damage due to Excavation-Induced Ground Movements [J]. Journal of Geotechnical and Geoenvironmental Engineering, 131(2):162 – 177.

Morgan M Granger, Henrion Max, Small Mitchell. 1991. Uncertainty:A Guide to Dealing With Uncertainty in Quantitative Risk and Policy Analysis [J]. Journal of Economic Literature, 29(3):1172 – 1174.

Morgenstern N R. 1995. Managing Risk in Geotechnical Engineering [C]//The 3rd Casagrande Lecture. Proc. 10th Pan American Conference on Soil Mechanics and Foundation Engineering, Vol. 4:102 – 126.

Nathwani J S, Lind N C, Pandey M D. 1997. Affordable Safety by Choice:The Life Quality Method [M]. Waterloo:Institute for Risk Research, University of Waterloo, Canada.

National Coal Board. 1975. Subsidence Engineer's Handbook [M]. London: National Coal Board.

Nicholson D P. 1987. The Design and Performance of the Retaining Wall at Newton Station [C]//Proceeding of Singapore Mass Rapid Transit Conference. Singapore: [s. n.]:147 – 154.

O'Rourke T D, Cording E D, Boscardin M. 1976. The Ground Movements Related to Braced Excavations and their Influence on Adjacent Structures [M]//Rep. for the U. S. Department of Transportation, Rep. No. DOT – TST – 76T – 22. Washington D. C. :Univ. of Illinois.

Occupational Safety and Health Administration (OSHA), U. S. Department of Labor. 2005. Worker Safety Series-Construction, 3252 – 05N [M]. [s. l.]:OSHA, U. S. Department of Labor.

Osama A Jannadi. 2008. Risks Associated with Trenching Works in Saudi Arabia [J]. Building and Environment (43):776 – 781.

Ou C Y, Hsieh P G, Chiou D C. 1993. Characteristics of Ground Surface Settlement during Excavation [J]. Canadian Geotechnical Journal, 30(5):758 – 767.

OU C Y, Hsieh P G. 1996. Prediction of Ground Settlement Caused by Excavation [J]. Paper Submitted to GT, ASCE.

Peck R B. 1969. Deep Excavation and Tunneling in Soft Ground [C]//Proceedings of the 7th International Conference on Soil Mechanics and Foundation Engineering, State-of-the-Art-Volume. Mexico City: [s. n.]: 225 – 290.

Peck R B. 1969. Deep Excavations and Tunneling in Soft Ground [C]//7th ICSMFE, State-of-the-Art Volume. [s. l.]:ICSMFE: 225 – 290.

Polshin D E, Tokar R A. 1957. Maximum Allowable Non-uniform Settlement of Structure [C]//Proceeding 4th Institution Conference on Soil Mechanics and Foundation Engineering, Vol. 1. London:Butterworth's Scientific:402 – 405.

Powrie W. 1996. Limit Equilibrium Analysis of Embedded Retaining Walls [J]. Geotechnique 46(4):709 – 723.

Reid S G, Lind N C. 1991. Engineering Risk Assessment [M]. Sydney:Civil and Mining Engineering Foundation and Centre for Advanced Structural Engineering, University of Sydney.

Reilly J J. 1999 . Policy, Innovation, Management and Risk Mitigation for Complex [R]. Urban Underground Infrastructure Projects. New York:ASCE, Metropolitan Section, Spring Geotechnical Seminar.

Roboski J F. 2004. Three-dimensional Performance and Analyses of Deep Excavations [D]. Illinois:Northwestern University.

Sakurai S, Abe S. 1979. A Design Approach to Dimensioning Underground Opening [C]//Proc. 3rd Int. Conf. Numerical Methods in Geomechanics, Aachen: [s. n.]:649 – 661.

Sakurai S, Takeuchi K. 1983. Back Analysis of Measured Displacement of Tunnel [J]. Rock Mech. and Rock Eng. , 16(3):173 – 180.

Skempton A W, Macdonald D H. 1956. The Allowable Settlement of Buildings [J]. Proceeding Institution of

Civil Engineering, Part Ⅲ, 5:727 - 768.

Smith G N. 1985. The Use of Probability Theory to Assess the Safety of Propped Embedded Cantilever Retaining Walls [J]. Geotechnique, 35(4):451 - 460.

Smith Robert J. 1996. Allocation of Risk-the Case for Manage Ability [J]. The International Construction Law Review, 4:549 - 569.

Thomas T G, Hryciw R D. 1990. Laboratory Measurement of Small Strain Shears Modulus under KO Conditions [J]. Geotechnical Testing Journal, 13(2):97 - 105.

Whitman R V. 1984. Evaluating Calculated Risk in Geotechnical Engineering [J]. Journal of Geotechnical Engineering, ASCE, 110(2):145 - 188.

Woo S M, Moh Z C. 1990. Geotechnical Characteristics of Soils in Tapei Basin [C]//Proceedings, 10th South Asian Geotechnical Conference, Special Taiwan Session. Taipei: [s. n.]:51 - 65.

Yeh Yi-cherng, Kuo Yau-Hwaug, Hsu Deh-Shiu. 1993. Building KBES for Diagnosing PC Pile with Artificial Neural Network [J]. Journal of Computer in Civil Eng. , 7(1):120 - 132.

Youssef M A Hashash, Andrew J Whittle. 1996. Ground Movement Prediction for Deep Excavations in Soft Clay [J]. Journal of The Geotechnical Engineering Division, ASCE, 122(6):474 - 486.

Zeng G X, Xie K H. 1989. New Development of the Vertical Drain Theories [C]//Proc. 12th ICSMFE, Vol. 2. Rio de Janeiro: [s. n.]:1435 - 1438.

Zhu XiaMing. 2007. Deflection and Settlement Induced by Propped Walls [D]. Singapore:National University Of Singapore.

索 引

后 记

　　一直以来,深开挖工程的安全与经济要达到平衡是一个难题。风险理论提供了变形和损失之间的桥梁,为平衡两者关系提供了一种方法。本书基于风险理论,建立了安全与经济的联系,拓展了传统深开挖工程安全预警的思路,细化了安全预警的范围,提高了安全预警的精度,让预警标准更加细化、更加具有针对性和可操作性。书中的工程实例也验证了如此制定深开挖工程施工安全风险预警标准是可行的、合理的。

　　然而目前在深开挖工程施工中,由于其大多为临时性工程,采用安全风险预警措施的较少,亦少有工程能够开展工程动态风险监控,大多仅止于对工程进行监测,施工安全风险预警体系的研究与实践未得到应有重视。本书在这方面进行了初步的研究与尝试,但由于研究工作时间有限及知识、能力的局限,文中不免存有遗憾。结合已做研究工作展望有待深入的问题有:

　　(1)根据深开挖工程为安全时 δ_{hm} 的发生概率确定 δ_{hm} 对应的风险概率等级时,本书以事件的概率密度为衡量标准,这样的方法通过例证比较可信,但还可以结合概率理论进一步完善。

　　(2)在深开挖工程自身和周围环境的风险损失分析中,由于相关因素众多,使得实际工程与理论计算有一定差距,存在一定的主观性和不确定性;且损失分析中计算参数的选取、评价模型的设计比较粗糙,有待通过实践的检验进一步完善。

　　(3)本书中由于计算量很大,为简化计算,采用围护墙变形与墙后土层变形为一一对应的假设,进行平面应变条件下的三维数值分析,有待进一步考虑建筑物与深开挖工程的空间位置关系、超高层建筑物长高比和荷载等因素,完善对建筑物与深开挖工程的相互影响分析。书中修正系数是在本书的计算模型中得到的,今后可通过更多资料和计算进一步完善。

　　(4)墙后产生地层水平位移时,建筑物地基承载力也会削弱,在本书中是通过考虑围护墙的水平变形考虑这部分的影响,可在本书的研究基础上,通过研究深开挖工程墙后深层土体水平位移,分析建筑物不同基础形式和基础埋深产生的工程响应,从而进一步细化深开挖工程开挖对周围环境安全的影响。

　　(5)深开挖工程周围环境是非常复杂的,在本书基础上,可通过专项研究完善管线和建筑物的破坏等级标准,使得风险预警标准更具有实用性。

总而言之,在工程的经济与安全的博弈中还有很多问题需要深入,希望能通过目前的工作为解决这个问题寻找一种途径。

著　者